4 桁 の 原 子 量 表 (2024)

(元素の原子量は，質量数 12 の炭素 (^{12}C) を 12 とし，これに対する相対値とする.)

本表は実用上の便宜を考えて，国際純正・応用化学連合(IUPAC)で承認された最新の原子量に基づき，日本化学会原子量専門委員会が独自に作成したものである．本来，同位体存在度の不確定さは，自然に，あるいは人為的に起こりうる変動や実験誤差のために，元素ごとに異なる．したがって，個々の原子量の値は，正確度が保証された有効数字の桁数が大きく異なる．本表の原子量を引用する際には，このことに注意を喚起することが望ましい．

なお，本表の原子量の信頼性はリチウム，亜鉛の場合を除き有効数字の 4 桁目で ±1 以内である（両元素については脚注参照）．また，安定同位体が存在せず，天然で特定の同位体比を示さない元素については，その元素の放射性同位体の質量数の一例を（ ）内に示した．したがって，その値を原子量として扱うことはできない．

原子番号	元素名	元素記号	原子量	原子番号	元素名	元素記号	原子量
1	水素	H	1.008	60	ネオジム	Nd	144.2
2	ヘリウム	He	4.003	61	プロメチウム	Pm	(145)
3	リチウム	Li	6.94†	62	サマリウム	Sm	150.4
4	ベリリウム	Be	9.012	63	ユウロピウム	Eu	152.0
5	ホウ素	B	10.81	64	ガドリニウム	Gd	157.3
6	炭素	C	12.01	65	テルビウム	Tb	158.9
7	窒素	N	14.01	66	ジスプロシウム	Dy	162.5
8	酸素	O	16.00	67	ホルミウム	Ho	164.9
9	フッ素	F	19.00	68	エルビウム	Er	167.3
10	ネオン	Ne	20.18	69	ツリウム	Tm	168.9
11	ナトリウム	Na	22.99	70	イッテルビウム	Yb	173.0
12	マグネシウム	Mg	24.31	71	ルテチウム	Lu	175.0
13	アルミニウム	Al	26.98	72	ハフニウム	Hf	178.5
14	ケイ素	Si	28.09	73	タンタル	Ta	180.9
15	リン	P	30.97	74	タングステン	W	183.8
16	硫黄	S	32.07	75	レニウム	Re	186.2
17	塩素	Cl	35.45	76	オスミウム	Os	190.2
18	アルゴン	Ar	39.95	77	イリジウム	Ir	192.2
19	カリウム	K	39.10	78	白金	Pt	195.0
20	カルシウム	Ca	40.08	79	金	Au	197.0
21	スカンジウム	Sc	44.96	80	水銀	Hg	200.6
22	チタン	Ti	47.87	81	タリウム	Tl	204.4
23	バナジウム	V	50.94	82	鉛	Pb	207.2
24	クロム	Cr	52.00	83	ビスマス	Bi	209.0
25	マンガン	Mn	54.94	84	ポロニウム	Po	(210)
26	鉄	Fe	55.85	85	アスタチン	At	(210)
27	コバルト	Co	58.93	86	ラドン	Rn	(222)
28	ニッケル	Ni	58.69	87	フランシウム	Fr	(223)
29	銅	Cu	63.55	88	ラジウム	Ra	(226)
30	亜鉛	Zn	65.38*	89	アクチニウム	Ac	(227)
31	ガリウム	Ga	69.72	90	トリウム	Th	232.0
32	ゲルマニウム	Ge	72.63	91	プロトアクチニウム	Pa	231.0
33	ヒ素	As	74.92	92	ウラン	U	238.0
34	セレン	Se	78.97	93	ネプツニウム	Np	(237)
35	臭素	Br	79.90	94	プルトニウム	Pu	(239)
36	クリプトン	Kr	83.80	95	アメリシウム	Am	(243)
37	ルビジウム	Rb	85.47	96	キュリウム	Cm	(247)
38	ストロンチウム	Sr	87.62	97	バークリウム	Bk	(247)
39	イットリウム	Y	88.91	98	カリホルニウム	Cf	(252)
40	ジルコニウム	Zr	91.22	99	アインスタイニウム	Es	(252)
41	ニオブ	Nb	92.91	100	フェルミウム	Fm	(257)
42	モリブデン	Mo	95.95	101	メンデレビウム	Md	(258)
43	テクネチウム	Tc	(99)	102	ノーベリウム	No	(259)
44	ルテニウム	Ru	101.1	103	ローレンシウム	Lr	(262)
45	ロジウム	Rh	102.9	104	ラザホージウム	Rf	(267)
46	パラジウム	Pd	106.4	105	ドブニウム	Db	(268)
47	銀	Ag	107.9	106	シーボーギウム	Sg	(271)
48	カドミウム	Cd	112.4	107	ボーリウム	Bh	(272)
49	インジウム	In	114.8	108	ハッシウム	Hs	(277)
50	スズ	Sn	118.7	109	マイトネリウム	Mt	(276)
51	アンチモン	Sb	121.8	110	ダームスタチウム	Ds	(281)
52	テルル	Te	127.6	111	レントゲニウム	Rg	(280)
53	ヨウ素	I	126.9	112	コペルニシウム	Cn	(285)
54	キセノン	Xe	131.3	113	ニホニウム	Nh	(278)
55	セシウム	Cs	132.9	114	フレロビウム	Fl	(289)
56	バリウム	Ba	137.3	115	モスコビウム	Mc	(289)
57	ランタン	La	138.9	116	リバモリウム	Lv	(293)
58	セリウム	Ce	140.1	117	テ…		
59	プラセオジム	Pr	140.9	118	オ…		

†：人為的に ^{6}Li が抽出され，リチウム同位体比が大きく変動した物質…は大きな変動幅をもつ．したがって本表では例外的に 3 桁の値が与…質中でのリチウムの原子量は 6.94 に近い．

＊：亜鉛に関しては原子量の信頼性は有効数字 4 桁目で ±2 である．

© 2024 日本化学会 原子量専門委員会

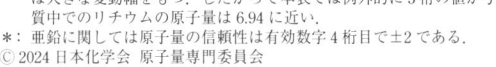

JN04087B

演習無機化学

―基本から大学院入試まで―

第 3 版

田中勝久・中平　敦・平尾一之
幸塚広光・滝澤博胤 著

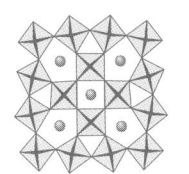

東京化学同人

本文デザイン：山田有紀

まえがき

　本書「演習無機化学—基本から大学院入試まで」は，無機化学全般を網羅した演習書として 2005 年に初版が，2017 年には第 2 版が出版された．幸いにも，学部での演習の授業や大学院入試の準備のための問題集などとして長く多くの方々に活用していただいている．今般，特に読者の方々からいただいたご意見やご指摘も反映させる形で，新たに第 3 版を出版する運びとなった．

　「演習無機化学—基本から大学院入試まで」では，無機化学における重要な概念，すなわち，原子の構造と性質，化学結合，分子構造，単体と化合物の構造・反応・性質，酸と塩基，酸化と還元，溶液，錯体，固体に関する初歩から応用までの問題を，例題，練習問題，発展問題として設けている．例題では問題に対する解答を示すだけではなく，関連する事項について補足的に解説することを試み，また，練習問題と発展問題についてもできる限り丁寧な解答例を示して，学生が自学自習によっても無機化学の内容を理解できるように努めた．この方針は初版から変更されていない．

　第 2 版から改訂した具体的な点は，2019 年に物質量の単位であるモルの定義とアボガドロ定数の定義が変更されたことにともない，関連する問題（例題 3・10，練習問題 3・9）を改めたこと，マリケンの電気陰性度，ケイ素のオキソ酸塩の構造，三中心四結合，アクア錯体の反応など，第 2 版までは扱わなかった重要な概念，物質，現象に関する問題を新たに設けたことなどである．

　本書は無機化学の教科書として 2023 年に刊行された「無機化学—その現代的アプローチ 第 3 版」（田中勝久，中平 敦，平尾一之 著）の内容の理解を深めるための一助ともなる．

　本書が初版ならびに第 2 版と同様，無機化学の基礎知識を習得するための学習書，また，理工系学部への編入学や大学院入試に向けた演習書などとして，高専生や学部学生の皆様に役立てば幸いである．最後に，第 3 版

においても内容を吟味し，適切なご提案をくださった東京化学同人の山田豊氏に心より感謝申し上げる．

2024 年 4 月

著　　者

目　　次

1

原子の構造と周期律

「物質とは何か」あるいは「物質は何から構成されるのか」といった物質の本質的な理解に対して，正しい解答を得るために長い時間が必要であった．しかし，18～19世紀以降，分離・分析技術の向上にともないつぎつぎと各種元素が発見され，その結果，メンデレーエフによって**周期表**が確立された．さらに，レントゲンによるX線の発見とその回折現象を利用した構造解析手法の確立などの科学技術の著しい発展は，物質の本質的な理解に大きな役割を果たし，その成果は20世紀における著しい科学の発展に大きく貢献した．

なかでも，19世紀後半，精力的に研究された水素原子の発光スペクトルの分光学的測定をもとにして，20世紀初頭に提案された**ボーア理論**から，今日の科学の土台となった**量子論**の確立にいたる過程は，まさしく物質の成り立ち，すなわち**原子構造**を解明する歴史でもあった．現在，すべての物質は，**原子核**と**電子**から構成され，しかも「電子の振舞い」が，物質のもつ結合様式や構造に大きく影響していることが知られている．電子の挙動を理解しようとすると，量子力学的アプローチが必要であるが，たとえば，初期の原子構造に関する研究で提案された上述のボーアモデルは，古典的な取扱いから量子力学的な理解にいたる過程で重要な位置を占めている．そこで本章では，原子構造の解明の歴史を簡単に振返りながら，物質を構成する原子の電子構造について基本的な理解を深め，ついで，**シュレーディンガー方程式**による水素原子の原子構造の記述をもとに量子力学に基づく原子構造の理解へと進む．あわせて，原子のもつ**電子配置**とメンデレーエフにより確立された**周期律**とから，化学を理解するうえで重要な「電子の振舞い（あるいは電子配置）」による物質の性質に関して理解を深める．

　ついで，各種イオンの生成にともなう**イオン化エネルギー**，電子付与の際に放出されるエネルギーである**電子親和力**，さらにさまざまな研究者らにより提案された**電気陰性度**の定義について理解する．

　例題 1・1: 水素原子のスペクトル　　バルマー（Balmer）は，水素原子の可視部でのスペクトル解析を行い，観測されたスペクトル線の波長が数式によって表されることを見いだした．バルマーによる発見を例として，水素原子の発光スペクトルについて説明せよ．

　解答　　水素原子の発光スペクトルは可視部において連続ではなく，とびとびのスペクトル線（輝線）が観測され，バルマーにより，その波長 λ は，以下の関係を満足することが見いだされた．ここで R は定数，$n = 3, 4, 5, \cdots$ である．

$$\frac{1}{\lambda} = R\left(\frac{1}{2^2} - \frac{1}{n^2}\right) \tag{1・1}$$

　解説　　水素ガスを低圧下で放電させると発光する現象をもとに，1885 年にバルマーにより，励起された水素原子の可視部でのスペクトル解析が行われた．長波長側から，赤（656.3 nm），青緑（486.1 nm），青紫（434.0 nm），紫（410.2 nm）の不連続な四つのスペクトル線が観測され，スペクトル線の波長 λ が (1・1)式の関係を満足することを発見した．

　その後，続々とスペクトルが観測され，分光器による解析の結果から，水素原子の発光スペクトルは，**ライマン（Lyman）系列**，**バルマー（Balmer）系列**，**パッシェン（Paschen）系列**，**ブラケット（Brackett）系列**，**プント（Pfund）系列**の多数の不連続なスペクトル線から成り立つことが示された．

　　　遠紫外部のスペクトル線：ライマン系列
　　　近紫外から可視部のスペクトル線：バルマー系列
　　　近赤外部のスペクトル線：パッシェン系列
　　　近赤外から赤外部のスペクトル線：ブラケット系列
　　　遠赤外部のスペクトル線：プント系列

　上記の系列のスペクトル線の波数 $\tilde{\nu}$ に対して，つぎの関係が見いだされた．

$$\tilde{\nu} = \frac{1}{\lambda} = \frac{\nu}{c} = R\left(\frac{1}{n_1^2} - \frac{1}{n_2^2}\right) \tag{1・2}$$

ここで ν は振動数，c は光の速さ，n_1 と n_2 は整数で，$n_1 < n_2$ である．図 1・1 に示すように $n_1 = 1$ のときがライマン系列，$n_1 = 2$ のときがバルマー系列，$n_1 = 3$ のとき

がパッシェン系列である. また, リュードベリ（Rydberg）により, 水素原子以外についてもスペクトルが解析された結果, $R = 109737 \text{ cm}^{-1}$ となることがわかった. 定数 R はリュードベリ定数とよばれる.

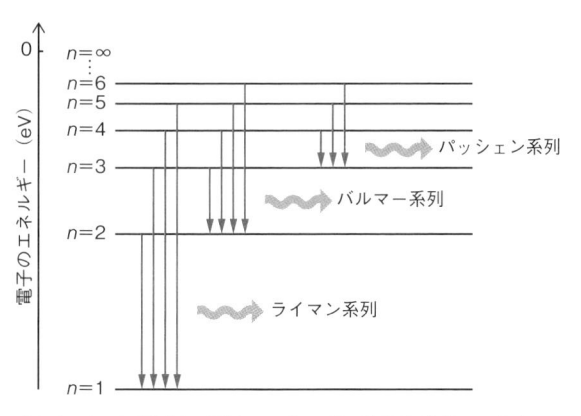

図 1・1　水素原子の電子のエネルギー準位と発光スペクトル

例題 1・2: 水素原子における電子の運動　　水素原子において, 原子核のまわりを 1 個の電子が高速で円運動していると仮定すると, 電子のエネルギー E は,

$$E = -\frac{e^4 m}{8\varepsilon_0^2 h^2 n^2}$$

で与えられる. ここで ε_0 は真空の誘電率, h はプランク定数, m は電子の質量, e は電気素量, n は整数である. $n = n_1$ のときのエネルギーを E_1, $n = n_2$ のときのエネルギーを E_2 とすると, $n = n_2$ から $n = n_1$ へ電子の遷移が起こるとき, $n = n_1$ と $n = n_2$ の両状態のエネルギー差 ΔE に相当する光が発せられる. このとき観測されるスペクトルの波長を求めよ.

　　解答　　$n = n_2$ から $n = n_1$ へ電子が遷移するときに観測されるスペクトルの波長は,

$$\lambda = \frac{hc}{\Delta E} = hc \frac{8\varepsilon_0^2 h^2}{e^4 m} \left(\frac{1}{n_1^2} - \frac{1}{n_2^2}\right)^{-1} = \frac{8\varepsilon_0^2 h^3 c}{e^4 m} \left(\frac{1}{n_1^2} - \frac{1}{n_2^2}\right)^{-1}$$

　解説　　$n = n_1$ のときのエネルギー E_1, $n = n_2$ のときのエネルギー E_2 は,

$$E_1 = -\frac{e^4 m}{8\varepsilon_0^2 h^2 n_1^2} \quad \text{および} \quad E_2 = -\frac{e^4 m}{8\varepsilon_0^2 h^2 n_2^2}$$

となる. よって $n = n_2$ と $n = n_1$ の両状態のエネルギー差 ΔE は,

$$\Delta E = E_2 - E_1 = \frac{e^4 m}{8\varepsilon_0^2 h^2}\left(\frac{1}{n_1^2} - \frac{1}{n_2^2}\right) \tag{1・3}$$

と表される. また, 状態 E_2 から状態 E_1 へ電子の遷移が起こるとき, そのエネルギー差 ΔE に相当する光が発せられるが, このとき観測されるスペクトルの光子エネルギー E と光の波長 λ および光の振動数 ν との間に, 次式が成立する.

$$E = h\nu = \frac{hc}{\lambda} \tag{1・4}$$

$E = \Delta E$ であるから, $\lambda = hc/\Delta E$ となる. したがって, この式に (1・3)式で求めた ΔE を代入すれば, 状態 E_2 から状態 E_1 へ電子が遷移するときに観測されるスペクトルの波長 λ が得られる.

　前ページの解答に示した式は水素原子の発光スペクトルにおける (1・2)式と同じ形をしており, その係数 $(e^4 m/8\varepsilon_0^2 h^3 c)$ はリュードベリ定数 R と一致する.

例題 1・3: 水素原子内の電子の位置エネルギーと運動エネルギー　　水素

原子内の電子のもつ全エネルギー E_total は, 電子の位置エネルギー V と電子の運動エネルギー E の和になる. V および E をそれぞれ導出せよ. さらに, E_total を求めよ.

　解答　　水素原子では, $+e$ の電荷をもつ 1 個の原子核のまわりを 1 個の電子（質量：m, 電荷：$-e$）が, 半径 r の円軌道上を速度 v で円運動していると近似できる. 原子核のまわりを円運動している電子には mv^2/r の遠心力がはたらき, 同時に, $-e$ の電荷の電子は $+e$ の電荷をもつ原子核から, $e^2/4\pi\varepsilon_0 r^2$ のクーロンを受ける. ここで ε_0 は真空の誘電率である. 電子にはたらくこれらの遠心力とクーロン力の両者はつり合っているので,

$$\frac{mv^2}{r} = \frac{e^2}{4\pi\varepsilon_0 r^2} \tag{1・5}$$

となる. したがって, 電子の運動エネルギー $E = mv^2/2$ は (1・5)式より,

$$E = \frac{mv^2}{2} = \frac{e^2}{8\pi\varepsilon_0 r} \tag{1・6}$$

である. また, 位置エネルギー V は, 電子が無限遠にあるときを基準とすると,

$$V = -\frac{e^2}{4\pi\varepsilon_0 r} \tag{1・7}$$

である. さらに, 電子の運動エネルギー E と位置エネルギー V の和が, 水素原子

の電子がもつ全エネルギー E_{total} となるので，

$$E_{\text{total}} = E + V = -\frac{e^2}{8\pi\varepsilon_0 r} \tag{1・8}$$

となる．

例題 1・4: ボーア半径　　水素原子において，最も低いエネルギーをもつ円軌道の半径のことをボーア（Bohr）半径という．ボーア半径を与える式を導け．

　　解答　　例題 1・3 で述べたように，水素原子において原子核のまわりを円運動している電子では遠心力とクーロン力がつり合っているので（図 1・2），(1・5)式の関係が成り立つ．また，電子の角運動量は mvr であり，電子はある決まった半径でしか運動できない．すなわち，電子の角運動量は，$h/2\pi$ の整数倍のみが許されるので，

$$mvr = \frac{nh}{2\pi} \tag{1・9}$$

となる．ここで n は整数（正）である．

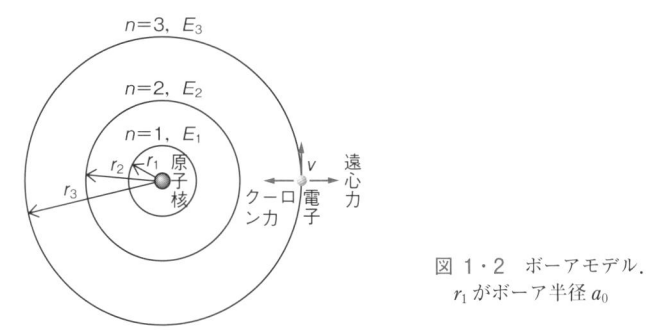

図 1・2　ボーアモデル．
r_1 がボーア半径 a_0

　　(1・9)式より $v = nh/(2\pi mr)$ となり，これを（1・5)式へ代入して v を消去し，さらに両辺に r^3 を掛けると，

$$r = \frac{4\pi\varepsilon_0 m n^2 h^2}{4\pi^2 m^2 e^2} = \frac{\varepsilon_0 n^2 h^2}{\pi m e^2} \tag{1・10}$$

ボーア半径は上式において，$n = 1$ のときの半径に相当するから（図 1・2），

$$r_1 = \frac{\varepsilon_0 h^2}{\pi m e^2} \tag{1・11}$$

で与えられる．

解説 ボーア半径は通常，a_0 という記号で表される．ボーア半径の値は $a_0 = 5.29 \times 10^{-11}$ m $= 52.9$ pm である．また（1・10）式は，つぎのように表される．

$$r = \frac{\varepsilon_0 n^2 h^2}{\pi m e^2} = n^2 a_0 \qquad (1 \cdot 12)$$

この式および例題1・2から電子軌道の半径およびエネルギーが n の値によって決まる不連続な値しかとれない，すなわち**量子化**されていることがわかる．

例題 1・5: シュレーディンガー方程式 図1・3に示した一次元の箱（箱の長さを L) の中に存在する一つの粒子（質量 m) の運動を考えよう．この粒子の箱

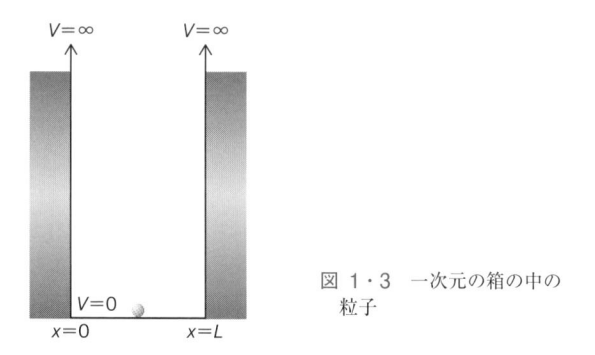

図 1・3 　一次元の箱の中の粒子

の中での位置を x とすれば，$0 < x < L$ でのポテンシャルエネルギーは $V = 0$, $x \leqq 0$ および $x \geqq L$ では $V = \infty$ である．この粒子のシュレーディンガー (Schrödinger) 方程式はつぎのように表される．

$$-\frac{h^2}{8\pi^2 m} \frac{\mathrm{d}^2 \varPsi}{\mathrm{d}x^2} + V\varPsi = E\varPsi$$

ただし，粒子の全エネルギー E は，ポテンシャルエネルギー V と運動エネルギーの和であり，また，$x \leqq 0$ および $x \geqq L$ では $\varPsi = 0$ であるため，$\varPsi(0) = 0$, $\varPsi(L) = 0$ という境界条件（束縛条件）をとる．このときの波動関数およびエネルギーの固有値を求めよ．

　解答 上記のシュレーディンガー方程式中の $\varPsi$ が波の振幅を表す関数，すなわち**波動関数**である．粒子が，$0 < x < L$ の箱にあるとき，$V = 0$ であるので，シュレーディンガー方程式はつぎのようになる．

$$-\frac{h^2}{8\pi^2 m}\frac{\mathrm{d}^2\Psi}{\mathrm{d}x^2} = E\Psi \tag{1・13}$$

(1・13)式の一般解は,

$$\Psi = A\sin kx + B\cos kx \qquad k^2 = \frac{8\pi^2 mE}{h^2}$$

であるが, $\Psi(0)=0$ の境界条件下では $B=0$, また $\Psi(L)=0$ より, $k=n\pi/L$ であり, 以下のようになる.

$$\Psi = A\sin kx = A\sin\frac{n\pi x}{L} \tag{1・14}$$

さらに波動関数の2乗 (Ψ^2 あるいは $\Psi^*\Psi$) は, 空間の位置 x に粒子が存在する相対的確率 (確率関数) を示すが, 空間のどこかに粒子が存在する確率は1であるため, 規格化の条件 $\int_{-\infty}^{\infty}|\Psi|^2\,\mathrm{d}x = 1$ より (1・14)式は,

$$\int_0^L A^2\sin^2\frac{n\pi x}{L}\,\mathrm{d}x = \frac{A^2}{2}\int_0^L\left[1-\cos\frac{2n\pi x}{L}\right]\mathrm{d}x = 1$$

となる. よって, $A=\sqrt{2/L}$ が求まり, 波動関数

$$\Psi(x) = \sqrt{\frac{2}{L}}\sin\frac{n\pi x}{L} \tag{1・15}$$

が得られる. さらに (1・15)式を (1・13)式に代入すると, エネルギーの固有値

$$E = \frac{n^2 h^2}{8mL^2} \tag{1・16}$$

が求まる.

例題 1・6: 原子軌道と量子数, パウリの排他原理　　つぎの原子軌道, a) 1s, b) 6s, c) 2p, d) 3d, e) 4f について, 以下の問いに答えよ.

1) 各原子軌道の主量子数と方位量子数をそれぞれ示せ.

2) 各原子軌道に収容される電子の個数の最大値を示せ.

　解答　　1) 主量子数を n, 方位量子数を l で表せば, a) $n=1$, $l=0$, b) $n=6$, $l=0$, c) $n=2$, $l=1$, d) $n=3$, $l=2$, e) $n=4$, $l=3$

　2) 各原子軌道に収容される電子の個数の最大値は, a) 2, b) 2, c) 6, d) 10, e) 14

解説　　原子軌道は, **主量子数 n** と, **方位量子数 l** を表す記号との組合わせで表現される. 方位量子数の値が $l=0, 1, 2, 3, 4, 5, \cdots$ となる原子軌道に対して s, p, d, f, g, h, … という記号が当てられ，たとえば $n=5$, $l=2$ である原子軌道は 5d 軌道のように表される．量子数にはこのほか，**磁気量子数**と**スピン量子数**がある．電子のスピン量子数は 1/2 であり，$+1/2$ と $-1/2$ の二つの**スピン磁気量子数**が存在する．これら四つの量子数，すなわち，主量子数，方位量子数，磁気量子数，スピン磁気量子数の一組が一つのエネルギー準位を規定し，一つのエネルギー準位は 1 個の電子のみによって占められ，複数の電子が同じエネルギー準位に存在することはできない．これを**パウリの排他原理**という．主量子数 n に対して，方位量子数 l は $l=0, 1, \cdots, n-1$ の n 個の値をとることができ，一つの方位量子数 l に対して，磁気量子数 m は $m=-l, -l+1, \cdots, 0, \cdots, l-1, l$ の $2l+1$ 個の値をとりうる．よって，方位量子数が l である原子軌道を占めることのできる電子数は $2(2l+1)$ 個となる．

例題 1・7: 水素型原子の軌道　　原子軌道は原子中の電子に関する波動関数のことをいう．波動関数は下式のように動径部分と角度部分からなる．動径部分は電子の空間的分布，角度部分は軌道の方向を示す．

$$\Psi(r,\theta,\phi) = \overset{\text{動径部分}}{R(r)} \cdot \overset{\text{角度部分}}{Y(\theta,\phi)}$$

ここで，r は核からの距離（動径），θ, ϕ は極座標における極角および方位角である（図 1・4）．

1) 動径分布関数は核から距離 r 離れた，厚さ dr の球殻中に電子が存在する確率を表す．図 1・5 は水素型原子の 1s 軌道と 2s 軌道における動径分布関数を示した

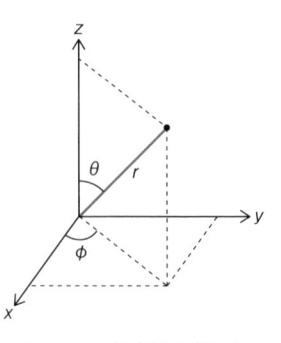

図 1・4　極座標の表し方

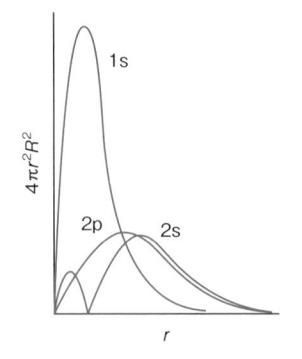

図 1・5　水素型原子の動径分布関数

ものである（2p 軌道もあわせて表示）.

　ア）1s 軌道と 2s 軌道は球形である. その大きさを比較せよ.

　イ）極大値は何を意味するか.

　ウ）1s 軌道と 2s 軌道における節の数はいくつか.

2）p_x, d_{xy}, d_{z^2} 軌道の形（角度部分 $Y(\theta,\phi)^2$）をそれぞれ図示せよ.

解答

1）ア）動径分布関数が核からより遠くに離れている位置でも有限の値をとる方
　　　が, 電子の空間的な広がりが大きくなる. よって, 2s 軌道の方が 1s 軌道
　　　よりも大きい.

　イ）極大値は電子の存在する確率が最大の半径を意味する.

　ウ）1s 軌道は節をもたず, 2s 軌道は 1 個の節をもつ.

2）図 1·6 参照. 図には他の軌道についても示した. p 軌道と d 軌道における色
の違いは, 波動関数のとる値の正負がこれらの領域で互いに異なることを表す.

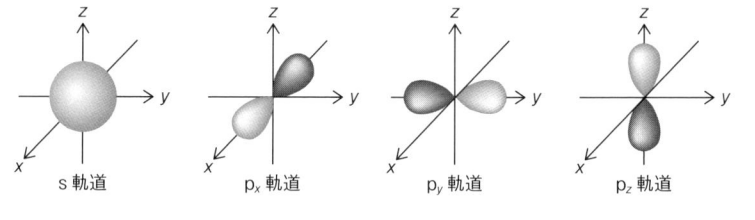

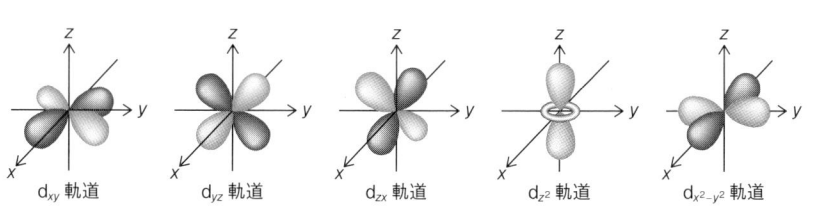

図 1·6　原子軌道の形. $l = 0, 1, 2$ のときの波動関数の角度部分（$Y(\theta,\phi)^2$）を示した

解説　　1）原点を除いて 0 になる点を**節**という. 節では電子が存在する確率
は 0 である. ns 軌道は $(n-1)$ 個, np 軌道は $(n-2)$ 個, nd 軌道は $(n-3)$ 個
の節面をもつ.

　2）p_x 軌道は x 軸方向に, p_y 軌道は y 軸方向に, p_z 軌道は z 軸方向に広がってい
る. また, d_{xy} 軌道, d_{yz} 軌道, d_{zx} 軌道はそれぞれ対応する軸の中間に, d_{z^2} 軌道は z
軸方向および xy 面上にドーナツ状に, $d_{x^2-y^2}$ 軌道は xy 軸上に広がっている.

例題 1・8: 原子の電子配置　　例にならって，a）～f）の原子の電子配置を示せ．例：Li の電子配置，$1s^2 2s^1$

a）C，b）Ne，c）Na，d）Ca，e）Sc，f）Zn

解答　　a）$1s^2 2s^2 2p^2$，b）$1s^2 2s^2 2p^6$，c）$1s^2 2s^2 2p^6 3s^1$，d）$1s^2 2s^2 2p^6 3s^2 3p^6 4s^2$，
e）$1s^2 2s^2 2p^6 3s^2 3p^6 3d^1 4s^2$，f）$1s^2 2s^2 2p^6 3s^2 3p^6 3d^{10} 4s^2$

解説　　一つの原子において電子は，エネルギーの低い原子軌道から順番に占有する．電子による占有の順番は図 1・7 に描いたとおりであるが，3d と 4s，4d と 5s などは互いにエネルギーの大きさがほぼ等しく，どちらの軌道を先に占めるかは原子によって異なる．

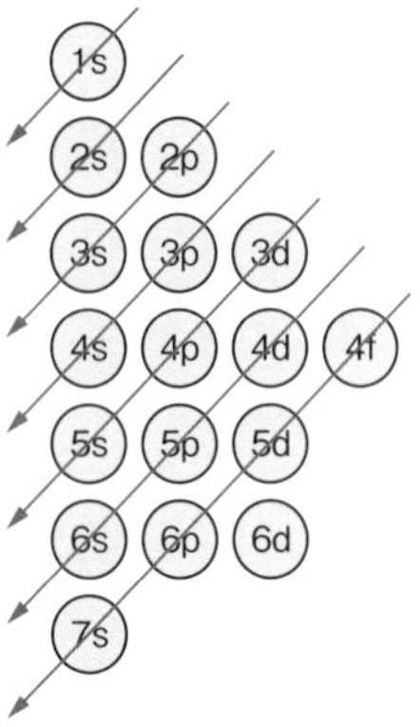

図 1・7　電子が原子軌道を
　　　　　占める順序

　また，貴ガスの電子配置を [He]，[Ne]，[Ar]，[Kr]，[Xe] のように書いて（たとえば [He] は $1s^2$ に，[Ne] は解答の b）に示されている電子配置に等しい），Na を $[Ne]3s^1$，Zn を $[Ar]3d^{10}4s^2$ のように表すことも多い．

例題 1・9: フントの規則　　Cr の電子配置は $[Ar]3d^4 4s^2$ ではなく，$[Ar]3d^5 4s^1$ である．フントの規則に基づいて理由を述べよ．

解答　　3d 軌道には最大で 10 個の電子が収容され，4s 軌道に入りうる電子の数は最大で 2 個である．スピンの状態も考慮して $3d^4 4s^2$ と $3d^5 4s^1$ の電子配置を図示すると，それぞれ，図 1・8(a) および (b) のようになる．(a) では上向きのスピンと下向きのスピンが混在しているのに対し，(b) ではすべてのスピンが同じ方向を向いている．4s 軌道と 3d 軌道はエネルギーが接近しており，スピンが同じ向きにな

るようにできるだけ別々の軌道を占めるのが安定であるというフントの規則に従い
(b)の電子配置となる．よって，Cr の電子配置は [Ar]3d⁵4s¹ である．

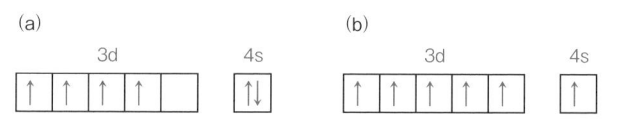

図 1・8　Cr に考えられる電子配置．フントの規則により(b)が基底状態となる

例題 1・10: 遮蔽と有効核電荷　　原子中に複数の電子が存在する場合，各
電子は他の電子からの反発力を受けるため，実際に感じる核電荷 Z は小さくなる．
このような現象を**遮蔽**といい，電子が実際に感じる核電荷を**有効核電荷**という．以
下の問いに答えよ．

1) 水素原子の 1s 軌道の電子の有効核電荷は 1 であり，ヘリウム原子の 1s 軌道
の電子の有効核電荷は 2 より小さい．その理由を述べよ．

2) リチウム原子では 2s 軌道の電子の方が 1s 軌道の電子よりも有効核電荷が小
さい．その理由を述べよ．

解答　　1) 水素原子の 1s 軌道の電子は 1 個しかなく，他の電子によって遮蔽さ
れることはないので，核電荷 ($Z=1$) をすべて感じることになる．一方，ヘリウ
ム原子は 1s 軌道に 2 個の電子が存在する．1 個の電子はその負電荷によって核電
荷 ($Z=2$) を遮蔽するため，もう 1 個の電子が感じる核電荷，つまり有効核電荷
は 2 より小さくなる．

2) リチウム原子は 3 個の電子をもち，その電子配置は 1s²2s¹ である．1s 軌道は
最も核の近くに分布するため，2s 軌道の 1 個の電子は 1s 軌道の 2 個の電子により
遮蔽され，有効核電荷は小さくなる．（ただし，1s 軌道と 2s 軌道は一部重なるた
めに（図 1・5 参照），完全には遮蔽されず，2s 軌道の電子の有効核電荷は 1 より
大きくなる．）

例題 1・11: スレーター則　　スレーター (Slater) は有効核電荷 Z_{eff} を求め
る経験則を以下のように提案した．

$$Z_{eff} = Z - S$$

ここで S は遮蔽定数であり，S はつぎの ①〜⑤ の規則によって導かれる．

① 軌道を $[1s][2s, 2p][3s, 3p][3d][4s, 4p][4d][5s, 5p]\cdots$ のように分類し,1s 軌道から順に外側のグループに電子が配置されるとする.

② 注目する電子より外側の軌道にある電子による遮蔽は無視する.

③ 注目する電子と同じグループにある他の電子からの寄与は,電子 1 個につき 0.35 とする(1s 軌道の場合は 0.3).

④ 注目する電子が s と p グループにあるときは,主量子数が 1 小さい電子からの寄与は 1 個につき 0.85 とし,その他の内側の電子からの寄与は電子 1 個につき 1.00 とする.

⑤ 注目する電子が d または f グループにあるときは,それより内側にある電子からの寄与は電子 1 個につき 1.00 とする.

上記のスレーター則に基づいて,以下の問いに答えよ.

1) Li の 1s 軌道および 2s 軌道の電子の有効核電荷を求めよ.

2) Ca の電子配置が $[Ar]3d^2$ ではなく $[Ar]4s^2$ であることを,有効核電荷に基づいて説明せよ.

解答　1) Li の電子配置は $1s^2 2s^1$ である.1s 軌道および 2s 軌道の電子の有効核電荷は,

$$\text{Li}(1s) : Z_{\text{eff}} = 3 - (0.3 \times 1) = 2.7$$
$$\text{Li}(2s) : Z_{\text{eff}} = 3 - (0.85 \times 2) = 1.3$$

例題 1・10 の 2)で述べた理由が,スレーター則により求めた有効核電荷の値によっても裏づけられる.

2) $[Ar]3d^2$ $(1s^2 2s^2 2p^6 3s^2 3p^6 3d^2)$ の場合:

$$Z_{\text{eff}} = 20 - (0.35 \times 1) - (1.00 \times 18) = 1.65$$

$[Ar]4s^2$ $(1s^2 2s^2 2p^6 3s^2 3p^6 4s^2)$ の場合:

$$Z_{\text{eff}} = 20 - (0.35 \times 1) - (0.85 \times 8) - (1.0 \times 10) = 2.85$$

以上の結果から,4s 軌道の電子の方が有効核電荷は大きく,核からより強く引きつけられエネルギーが低くなるため,先に 4s 軌道に入ることになる.

例題 1・12: イオン化エネルギー　　図 1・9 に主要族元素の第一イオン化エネルギーと原子番号の関係を示す.一般に以下の傾向を示す理由を簡単に述べよ.

1) 周期表の同じ族では,下にいくに従い(原子番号が大きいほど),第一イオン化エネルギーは減少する傾向がある.

2）特に第2周期から第3周期において顕著であるが，周期表の同じ周期では右にいくに従って，第一イオン化エネルギーは増加する傾向がある．

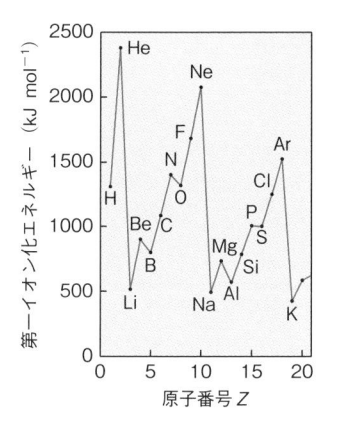

図1・9　第一イオン化エネルギーと原子番号の関係

　　解答　　1）原子番号が大きいほど最外殻の主量子数が増加して軌道が大きくなり，核からの静電引力が弱くなるためである．

　2）同じ周期では右にいくに従って核電荷が増加し，同じ殻内の他の電子が有効な遮蔽効果を及ぼさなくなるため，イオン化エネルギーは増加する．

　ただし，これらの傾向から一部はずれるところがある（練習問題1・10参照）．

　解説　　1）現在，100種類を超える元素が知られており，これらの元素では原子番号に等しい数の陽子からなる原子核があり，その周辺を電子が軌道運動している．これらの原子構造が，元素の性質を特徴づけているが，元素の化学的性質は，最も外側の電子殻（最外殻）にある**価電子**の数に大いに関係がある．

　18～19世紀以降，多くの元素が発見されるにつれ，元素のもつ性質の類似性についての研究が行われた．メンデレーエフ（Mendeleev）は，元素の特性を元素の原子価や原子量から比較し，元素の性質に周期性を見いだし，**周期表**を発表した．また，同時に未発見の元素も予測した．さらにマイヤー（Meyer）は，原子容（元素の原子1 molが占める体積）と原子番号を比較し，原子容に周期性を見いだした．このようなメンデレーエフとマイヤーの成果により，元素を原子番号順に並べると物理的性質や化学的性質のよく似た元素が周期的に現れ，その諸性質も原子番号によって次第に変化するという規則性が見いだされた．このような元素の種々の性質が周期的に変化することを**周期律**という．たとえば，Li，Na，K，Rb，Csなどのアルカリ金属では図1・9に示したように周期表の下にいく（原子番号が増加する）

に従ってイオン化エネルギーが小さくなるため, 最外殻の s 軌道における 1 個の電子を放出して陽イオンになりやすくなる. また, 単体の融点は低く, イオン半径は大きくなる傾向がある (表 1・1).

表 1・1　アルカリ金属の性質

元 素	陽イオンの なりやすさ	融 点 (℃)	イオン半径 (pm)
Li	小	179	76
Na		98	102
K	↓	63	138
Rb		39	152
Cs	大	28	167

例題 1・13: 電気陰性度　　ポーリング (Pauling) の経験的な定義に基づき, H と F から HF が生成するとき, H の電気陰性度を求めよ. ただし, F の電気陰性度は 3.98 ($\chi_F = 3.98$), また, それぞれの結合解離エネルギーは, $D_{H_2} = 436 \, kJ \, mol^{-1}$, $D_{F_2} = 155 \, kJ \, mol^{-1}$, $D_{HF} = 565 \, kJ \, mol^{-1}$ とする.

　　解答　　ポーリングにより, 電気陰性度はつぎのように経験的に定義された.

$$|\chi_A - \chi_B| = \left[\frac{1}{96.485} \left\{ D_{AB} - \frac{1}{2}(D_{AA} + D_{BB}) \right\} \right]^{1/2} \tag{1・17}$$

よって, (1・17)式に $D_{AA} = D_{H_2} = 436 \, kJ \, mol^{-1}$, $D_{BB} = D_{F_2} = 155 \, kJ \, mol^{-1}$, $D_{AB} = D_{HF} = 565 \, kJ \, mol^{-1}$ を代入すると,

$$|\chi_F - \chi_H| = \sqrt{\frac{565 - (1/2) \times 436 - (1/2) \times 155}{96.485}} = 1.67$$

$\chi_F = 3.98$ より, $\chi_F - \chi_H = 3.98 - \chi_H = 1.67$ であり, $\chi_H = 2.31$ となる.

　解説　　結晶や分子内で原子が, その周囲の電子をどの程度引きつけるかを相対的に数値で表した指標を, **電気陰性度**という. 電気陰性度の差は, その結晶や分子内の極性を決め, 原子間で電気陰性度の差が大きいほど, その結合は共有結合からはずれていく傾向にある.

　　ポーリングは実測された分子 AB の結合解離エネルギー D_{AB} が, 分子 AA と分子 BB の結合解離エネルギー (D_{AA} および D_{BB}) の平均として予測された値よりも大きくなるのは, 結合 A−B がイオン性をもつためであると考えた. そして, このイオン性の寄与が, 原子 A, B の電気陰性度の差の 2 乗に相当するとして, 次式のように定義した.

$$D_{AB} - \frac{D_{AA} + D_{BB}}{2} = 96.485\,|\chi_A - \chi_B|^2$$

さらに，この式を変形すると(1・17)式が得られる．ここで，数値係数は電気陰性度の単位が eV($= 96.485\,\text{kJ mol}^{-1}$)であるため，単位を換算するのに用いられている．また，結合解離エネルギーの単位が kcal mol^{-1} のとき数値係数は 23.083 となる．

上式は結合解離エネルギーの算術平均 $1/2(D_{AA} + D_{BB})$ に基づいているが，幾何平均 $(D_{AA} \times D_{BB})^{1/2}$ を用いる方法もある．極性の高い分子については，幾何平均を用いた方が良い一致を示すことがわかっている．

表1・2に主要族元素の電気陰性度を示した．マリケンおよびオールレッド・ロコウの電気陰性度については練習問題1・12で取扱う．

表 1・2　ポーリング，マリケン，オールレッド・ロコウの電気陰性度

H							He
2.20							
3.06							4.86
2.20							5.50
Li	Be	B	C	N	O	F	Ne
0.98	1.57	2.04	2.55	3.04	3.44	3.98	
1.28	1.99	1.83	2.67	3.08	3.22	4.44	4.60
0.97	1.47	2.01	2.50	3.07	3.50	4.10	4.84
Na	Mg	Al	Si	P	S	Cl	Ar
0.93	1.31	1.61	1.90	2.19	2.58	3.16	
1.21	1.63	1.37	2.03	2.39	2.65	3.54	3.36
1.01	1.23	1.47	1.74	2.06	2.44	2.83	3.20
K	Ca	Ga	Ge	As	Se	Br	Kr
0.82	1.00	1.81	2.01	2.18	2.55	2.96	3.00
1.03	1.30	1.34	1.95	2.26	2.51	3.24	2.98
0.91	1.04	1.82	2.02	2.20	2.48	2.74	2.94

例題 1・14: 原子やイオンの大きさ　　原子やイオンの大きさは電子の空間的な広がりによって決まる．以下の問いに答えよ．また，それぞれ理由を述べよ．

1) 主要族元素の同じ周期では，原子の大きさは一般にどのようになるか．

2) 主要族元素の同じ族では，原子の大きさは一般にどのようになるか．

3) ある原子とその陽イオン，陰イオンの大きさを比較せよ．

解答　1) 同じ周期では右にいくほど小さくなる（ただし貴ガスを除く）．価電子

は同じ電子殻の軌道に入っているが，右へいくほど核電荷は大きくなり，価電子の有効核電荷が増加するため，価電子が核により引きつけられる．

　2) 同じ族では下にいくほど大きくなる．価電子は核からより離れた（主量子数の大きい）軌道を占めるためである．

　3) 陽イオン＜原子＜陰イオンの順に大きくなる．陽イオンは原子から電子が取去られ，電子間の反発が減少するので，有効核電荷が増加し，価電子がより強く核に引きつけられるために小さくなる．陰イオンは電子が加わり，電子間の反発が増加するので，有効核電荷が減少し，価電子が核に引きつけられる力が弱くなるために大きくなる．

練 習 問 題

　1・1　ラザフォードは，α線を非常に薄い金属箔に当て，その散乱される方向を観測した．α線のほとんどは金属箔をそのまま通過したが，ごくまれに大きく曲がることがあった．この実験結果から原子構造について何がわかったか．

　1・2　バルマー系列で，以下の遷移にともなって発生する光の波長を求めよ．

　1) $n=5$ から $n=2$ への遷移，2) $n=6$ から $n=2$ への遷移．

　1・3　ライマン系列において，最長の波長を求めよ．

　1・4　電圧 $V=20.0\,\mathrm{kV}$ で電子が加速されたとき，この電子の物質波の波長はいくらになるか．

　1・5　ボーアモデルで水素原子のまわりを回る電子の速度を求めよ．

　1・6　一次元の箱の中（箱の長さを L ）を粒子（質量 m，速度 v，運動量 p）が運動するとき，粒子の物質波が定在波であった．このときの粒子の運動エネルギーを求めよ．

　1・7　主量子数が5となる原子軌道をすべて列挙せよ．

　1・8　つぎの原子やイオンの電子配置を，[He]，[Ne] などの貴ガスの電子配置を用いて表せ．

　a) K, b) K^+, c) Cr^{3+}, d) Cr^{6+}, e) S, f) S^{6+}, g) S^{2-}

　1・9　例題1・11で取上げたスレーター則はs軌道とp軌道の電子を同じグループとして扱うなど，単純化されており，定量的には不十分である．より近似の高い値が原子軌道を表す波動関数に基づいた計算により表1・3のように求められている．

　この表によると，有効核電荷は2s軌道の電子の方が2p軌道よりもわずかに大きい．その理由を原子軌道の空間的な分布の観点から簡潔に述べよ．

表 1・3　各元素の有効核電荷 Z_eff

元素	H	He	Li	Be	B	C	N	O	F
Z	1	2	3	4	5	6	7	8	9
1s	1.0	1.69	2.69	3.68	4.68	5.67	6.66	7.66	8.65
2s			1.28	1.91	2.58	3.22	3.85	4.49	5.13
2p					2.42	3.14	3.83	4.45	5.10

1・10　イオン化エネルギーについて，以下の問いに答えよ．

1) 例題 1・12 の図 1・9 に見られるように，主要族元素では周期表の右にいくに従って第一イオン化エネルギーは増加する傾向にあるが，例外もあり，たとえばア）Be から B，イ）N から O のところでは減少している．それぞれ理由を述べよ．

2) 同じ周期における遷移元素の第一イオン化エネルギーの一般的な傾向を述べよ．

1・11　真空中で基底状態にある気体状原子に電子 1 個を与える際に放出されるエネルギーを**電子親和力**という．電子親和力は正で値が大きいほど陰イオンになりやすい．主要族元素の同じ周期では，貴ガスを除いて，周期表の右にいくほど，第一電子親和力は増加する傾向にある．また，同じ族では下にいくほど減少する傾向にある．これらの傾向はイオン化エネルギーと同じであり，その理由も同様に説明できる．

ただし例外もあり，たとえば，ア）1 族から 2 族へ進むとき，イ）14 族から 15 族に進むとき，第一電子親和力は減少する．また，ウ）第 3 周期の方が第 2 周期よりも第一電子親和力は大きくなる．それぞれの理由を述べよ．

1・12　電気陰性度には例題 1・13 で述べたポーリングによるもの以外にいくつかの定義がある．

1) マリケン（Mulliken）の電気陰性度を元素のイオン化エネルギー（*IE*）と電子親和力（*EA*）を用いて表せ．

2) オールレッド（Allred）とロコウ（Rochow）は，熱力学データを用いることなく電気陰性度 χ を以下のように提案した．

$$\chi = 3590\left(\frac{Z_\mathrm{eff}}{r^2}\right) + 0.744$$

ここで Z_eff は有効核電荷，r は共有結合半径である．また，数値係数は計算による値がポーリングの電気陰性度と同程度の値になるように決められている．オールレッド・ロコウの電気陰性度は，どのような根拠に基づいているか簡潔に説明せよ．

2

化 学 結 合

　物質は原子，イオン，あるいは分子の集合体である．物質が集合体として存在しうるのは，原子，イオン，あるいは分子が結びついているからである．このような結びつきを**化学結合**とよぶ．物の硬さ，あるいは，どのくらい高い温度まで耐えられるかなどは，化学結合の強さによって決まる．それだけでなく，物質中での電子の振舞いや，物質と電場あるいは光との相互作用も，化学結合の性格に大きく左右される．このように，物質は化学結合の性格によって決まってくる．したがって，物質の諸性質を化学や物理学の立場から理解したり，すぐれた性質をもつ物質を設計・開発するためには，化学結合に関する理解を深めておくことがどうしても必要である．

　孤立した原子における電子の軌道は**原子軌道**とよばれる．原子軌道は孤立した原子における電子の波動関数によって表現される．ここで明確に意識しておく必要があるのは，波動関数の2乗が電子の存在確率を表すこと，また，電子の存在確率がある値以上の領域を曲面で囲んだものによって原子軌道の形を視覚的にとらえている点である．また，個々の原子軌道は固有のエネルギーをもつ．軌道のエネルギーとは，その軌道に電子が入ったときにその電子がもちうるエネルギーのことである．

　陽イオンと陰イオンの間にはたらく静電引力によって形成される化学結合は**イオン結合**とよばれる．「正電荷と負電荷が互いに引きあう」というのは，感覚的に理解しやすい．静電引力だけによってイオン同士が引きあうのであるから，理想的なイオン結合においては，おのおののイオンがもつ原子軌道の形とエネルギーはイオン結合の形成によって変化しない．

　一方，原子と原子が電子対を共有して形成される化学結合は**共有結合**とよばれ

る．イオン結合と比べると，共有結合は感覚的に理解しにくいかもしれない．共有
結合がなぜ，そしてどのようにして形成され，電子の振舞いがどのようになるかを
理解することが重要である．**分子軌道理論**の基本的な考え方は，「共有結合によっ
て形成された分子における電子の軌道の形とエネルギーは，もはやもとの原子のそ
れらとは異なったものである」という点にあり，孤立した分子における電子の軌道
を**分子軌道**とよぶ．共有結合を分子軌道理論によって理解するための第一歩は，**原
子軌道と原子軌道からどのような形やエネルギーをもつ分子軌道が形成されるかを
説明できるようになること**にある．それに基づいて，なぜ共有結合が形成されるの
かについて説明できなければならない．また，**混成軌道**という概念を用いて分子の
形を説明することも大切である．

　共有結合結晶や金属結晶に代表される一塊の固体物質は，それ自体を 1 個の巨大
な分子とみなすことができる．したがって，一塊の**固体物質における電子の軌道**も
また分子軌道とよぶことができる．しかしながら，固体物質における分子軌道に
は，分子量の小さい分子（すなわち通常の意味での分子）の分子軌道にはない特徴
がある．「**固体物質における分子軌道のエネルギー準位はバンドを形成する**」とい
う表現は固体物質における分子軌道の特徴を表しているといえるが，その内容が説
明できなければならない．固体物質の電気的性質や光学的性質は，エネルギーバン
ドの特徴によって決まるので，エネルギーバンドについての理解は半導体や光学素
子の理解や設計のために必須のものである．

　陽イオンと陰イオンの間にはたらく静電引力は感覚的に理解しやすいと述べた．
しかしながら，その力がどのくらいのものであり，また，**陽イオン・陰イオン対の
ポテンシャルエネルギーがイオン間距離によってどのように変化するか**を理解する
ことは，イオン結晶の融点や硬さを理解するうえで重要である．さらに，熱力学的
に求められる格子エネルギーが，理論的にはどのように表現できるかについて理解
することも重要である．

例題 2・1: ルイス構造　　N_2 分子，CO_2 分子のルイス構造を描け．
解答

$$N :::\!: N \qquad\qquad O : \!:\! C :::\!: O$$

解説　　まず，原子のルイス構造を描く．原子のルイス構造では価電子を点で

記す．N 原子の価電子は $2s^2 2p^3$ であるので，そのルイス構造は，

$$\cdot \overset{\displaystyle\cdot\cdot}{\underset{\displaystyle\cdot}{N}} \cdot$$

である．つぎに，それぞれの N 原子が 8 個の電子をもつように，すなわち，オクテット則を満たすように考えれば，N_2 分子のルイス構造を描くことができる．

以上と同様に，C 原子の価電子は $2s^2 2p^2$，O 原子の価電子は $2s^2 2p^4$ であるので，それらのルイス構造は，

$$\cdot \overset{\displaystyle\cdot\cdot}{\underset{\displaystyle\cdot}{C}} \qquad\qquad : \overset{\displaystyle\cdot\cdot}{\underset{\displaystyle\cdot}{O}} \cdot$$

である．つぎに，C 原子と O 原子のそれぞれが 8 個の電子をもつように考えれば，CO_2 分子のルイス構造を描くことができる．

例題 2・2: ルイス構造と形式電荷　　硝酸イオン NO_3^- のルイス構造を描け．つぎに，NO_3^- におけるそれぞれの原子の形式電荷を求めよ．

　　解答　　N 原子と O 原子の価電子の数とオクテット則に注意して NO_3^- のルイス構造を描くと，

$$: \overset{\displaystyle\cdot\cdot}{\underset{\displaystyle\cdot\cdot}{O}} : \overset{\displaystyle\cdot\cdot}{N} :: \overset{\displaystyle\cdot\cdot}{O}$$
$$: \overset{\displaystyle\cdot\cdot}{\underset{\displaystyle\cdot\cdot}{O}}$$

となる．

　　形式電荷 ＝（その原子が本来もつ価電子の数）－（非共有電子対として

　　　　　存在する電子の数）$-\dfrac{1}{2}$（共有電子対として存在する電子の数）

であるので，以下のようになる．

N の形式電荷：$5 - 0 - \dfrac{8}{2} = +1$

N と単結合している O の形式電荷：$6 - 6 - \dfrac{2}{2} = -1$

N と二重結合している O の形式電荷：$6 - 4 - \dfrac{4}{2} = 0$

例題 2・3: 酸化数　　NH_3 における N の酸化数と，HNO_3 における N の酸化数を求めよ．

解答　　H の酸化数を +1, O の酸化数を −2 とし, 酸化数の合計がゼロとなることに注意して計算すればよい. すなわち, NH_3 における N の酸化数を x, HNO_3 における N の酸化数を y とすると,

NH_3 の N の酸化数：$x + 3 \times 1 = 0$, よって $x = -3$

HNO_3 の N の酸化数：$1 + y - 3 \times 2 = 0$, よって $y = 6 - 1 = +5$

となる.

例題 2・4: 分子軌道とは　　メタノールの分子軌道とは何であるか. 明確に答えよ.

解答　　メタノールの分子軌道とは, 孤立した CH_3OH 分子における電子の軌道のことである.

解説　　CH_3OH 分子は 1 個の C 原子, 4 個の H 原子, 1 個の O 原子からなる. それぞれの原子が孤立して存在する場合, それらの原子における電子の軌道 (すなわち原子軌道) は C 原子と O 原子では 1s 軌道, 2s 軌道, 2p 軌道, H 原子では 1s 軌道であり, それぞれの軌道の形は 1 章で学んだとおりである (例題 1・7 参照). しかしながら, これらの原子が化学結合を形成して CH_3OH 分子を構成すると, もはやその分子における電子の軌道 (分子軌道) は, もとの原子の軌道 (原子軌道) とは形もエネルギーも異なったものとなる. これが分子軌道理論における電子の軌道のとらえ方である.

例題 2・5: 水素分子の分子軌道　　水素分子の分子軌道に関する以下の問いに答えよ.

1) 軌道のエネルギーを縦軸とし, 二つの水素原子の原子軌道のエネルギー準位と電子配置を図示せよ. さらに, 水素分子の分子軌道のエネルギー準位と電子配置を記せ. また, 水素分子の分子軌道のいずれが結合性軌道, 反結合性軌道であるかを図中に記せ.

2) 水素分子の分子軌道の形を図示せよ.

3) 励起状態にある水素分子の電子配置の一例をエネルギー準位図上で示せ.

解答　　1) 二つの水素原子の原子軌道と, 水素分子の分子軌道のエネルギー準位と電子配置は図 2・1 のとおりである. ただし, いずれの電子配置も基底状態, すなわち, エネルギーが最小の状態での電子配置である.

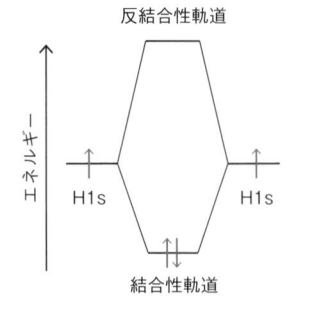

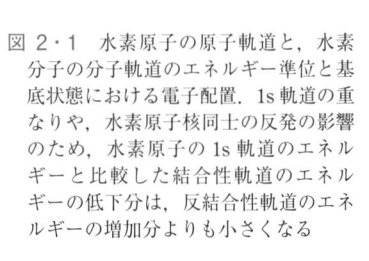

図 2・1　水素原子の原子軌道と，水素分子の分子軌道のエネルギー準位と基底状態における電子配置．1s 軌道の重なりや，水素原子核同士の反発の影響のため，水素原子の 1s 軌道のエネルギーと比較した結合性軌道のエネルギーの低下分は，反結合性軌道のエネルギーの増加分よりも小さくなる

2)　水素分子の分子軌道の形は図2・2のとおりである．

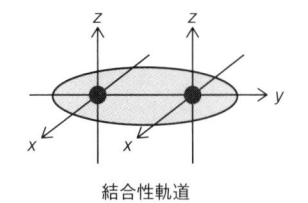

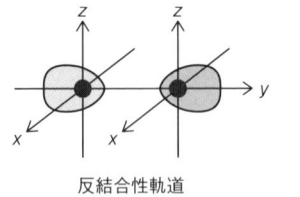

図 2・2　水素分子の結合性軌道と反結合性軌道の形．二つの水素原子の原子核が黒丸で記してある

3)　励起状態にある水素分子の電子配置の例を二つ図2・3に示す．

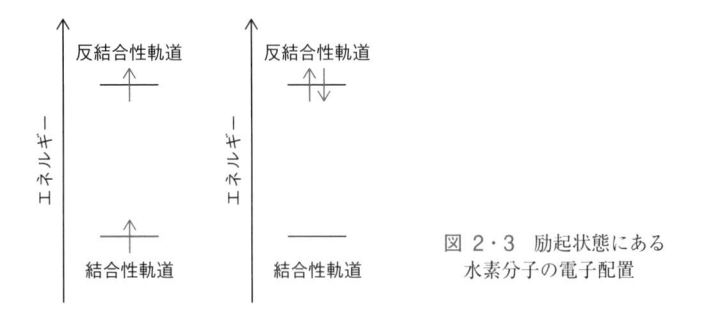

図 2・3　励起状態にある水素分子の電子配置

解説　　1)　N 個の原子軌道からは必ず N 個の分子軌道が生じる．本例題の場合には，2 個の 1s 軌道から 2 個の分子軌道が生じ，エネルギーの低い分子軌道が**結合性軌道**，エネルギーの高い分子軌道が**反結合性軌道**である．

　分子軌道形成の前後で電子の数は変化しない．本例題の場合には，分子軌道形成

前後のいずれにおいても電子の数は 2 である．1 個の水素原子において，構成原理に従って 1 個の電子が最もエネルギーの低い 1s 軌道に配置されるのと同様に，水素分子においては，2 個の電子がエネルギーの低い結合性軌道に配置される．ここでも構成原理が適用でき，パウリの排他原理によって，結合性軌道中の二つの電子のスピンは異なる．

2）水素分子の分子軌道のうち，結合性軌道は，二つの原子核を取囲むような形をしており，電子の存在確率は二つの原子核の中間付近で最大となる．一方，反結合性軌道は二つの原子核の間で切れてしまっているように描かれているが，実際には原子核間の中点を含む面（y 軸に垂直）上で電子の存在確率はゼロとなる．結合性軌道の上述の特徴は σ 結合の結合性軌道の特徴であるが，後述するように，π 結合の結合性軌道の特徴はこれとは異なる．

3）最も低いエネルギーをもつ軌道に 2 個の電子が入っている場合に，水素分子は**基底状態**にあるという．一方，より高いエネルギーをもつ軌道に電子が入れば，水素分子は**励起状態**にあるといわれる．励起状態にある水素分子において，電子がもつエネルギーの合計は，基底状態におけるそれよりも高くなるので，結局，励起状態にある水素分子は，基底状態にある水素分子よりも高いエネルギーをもつことになる．エネルギーが高い方が不安定であるので，励起状態にある水素分子は，基底状態にある水素分子よりも不安定であるといえる．

例題 2・6: σ 結合と π 結合　　二つの原子が図 2・4 のように近づいて分子軌道を形成するものとする．ただし，図 2・4 では黒丸の位置に原子核があるものとする．a）p_y 軌道と p_y 軌道，および b）p_x 軌道と p_x 軌道なる原子軌道の組合わせによって形成される分子軌道に関する以下の問いに答えよ．

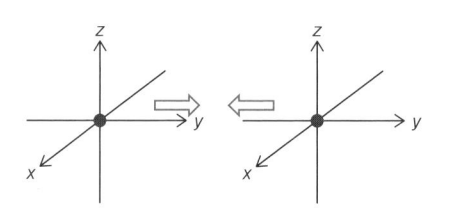

図 2・4　二つの原子の接近．それぞれの原子の原子核が
　　黒丸で記されている

1）a）および b）の組合わせのそれぞれによって形成される結合性軌道の形を立

体的に図示せよ．これら結合性軌道の形を y 軸方向から眺めた図，ならびに x 軸方向から眺めた図を描け．

2) 1) で答えた結合性軌道による結合はそれぞれ何とよばれるか．

3) つぎの文に誤りがあれば正せ．「π 結合の結合性軌道は二つの分かれた軌道から成り立っており，1 個の電子はそれら二つの軌道のうちのいずれかを占有する．」

解答　1) a) p_y 軌道と p_y 軌道，および b) p_x 軌道と p_x 軌道なる原子軌道の組合わせによって形成される分子軌道のうち，結合性軌道はそれぞれ図 2・5 および図 2・6 の右側に描いたようなものとなる．図 2・5，2・6 に描いた結合性軌道を y 軸，x 軸方向から眺めると，図 2・7，2・8 のようになる．

2) 二つの p_y 軌道が接近して形成される結合は **σ 結合**，二つの p_x 軌道が接近して形成される結合は **π 結合**とよばれる．

3) π 結合の結合性軌道は図 2・6 左に見られるように二つの分かれた軌道から成り立っているように見えるが，これら二つで一つの軌道なのであって，仮にこの軌

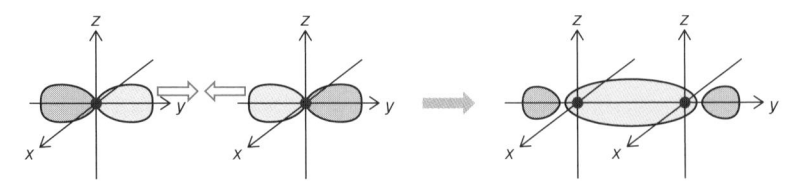

図 2・5　二つの p_y 軌道の接近（左）と，それにより形成される結合性軌道の形（右）

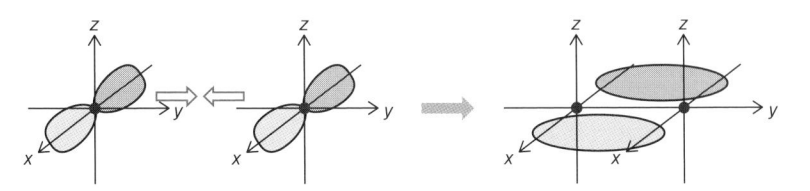

図 2・6　二つの p_x 軌道の接近（左）と，それにより形成される結合性軌道の形（右）

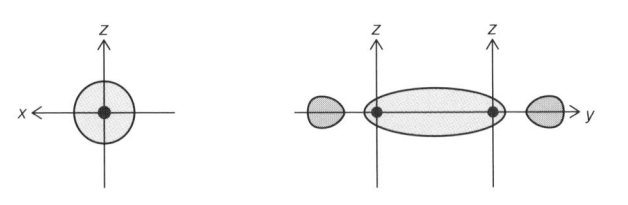

図 2・7　二つの p_y 軌道の接近によって形成される結合性軌道の形を y 軸方向から眺めた図（左）と x 軸方向から眺めた図（右）

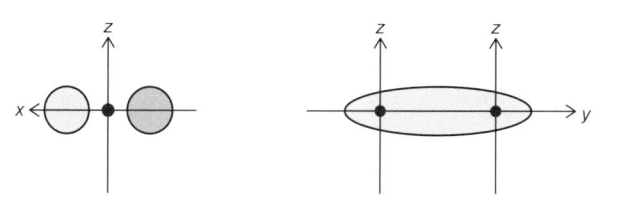

図 2・8　二つの p_x 軌道の接近によって形成される結合性軌道の形を y 軸方向から
眺めた図（左）と x 軸方向から眺めた図（右）

道を1個の電子が占有する場合であっても，その電子はこれら二つの軌道に同時に
存在する.

解説　　1）図 2・5，2・6それぞれの左側には，分子軌道を形成するまえの段
階での原子軌道の形が描いてある．二つの p_y 軌道を頭を突き合わせるようにして
接近する（図 2・5左）．このような接近によって形成される結合性軌道は，二つの
原子核を取囲むような形を基本とすることに特徴がある（図 2・5右）．一方，二つ
の p_x 軌道は側面を突き合わせるようにして接近する（図 2・6左）．このような接
近によって形成される結合性軌道は，二つの原子核から離れた二つのソーセージの
ような形をとることに特徴があり（図 2・6右），yz 平面が節面となっている．節
面とは電子の存在確率がゼロである面のことである．

2）本例題では二つの原子が y 軸方向で接近することを仮定したが，たとえば x
軸方向で接近する場合には，p_y 軌道同士が接近して形成される結合は π 結合，p_x
軌道同士が接近して形成される結合は σ 結合となることに注意すること．

例題 2・7: 共有結合が形成される理由　　1 mol のナトリウムイオン Na^+ と
1 mol の塩化物イオン Cl^- は，それらすべてがばらばらの状態で存在するよりも
NaCl 結晶として存在する方が安定である．これは，Na^+ と Cl^- の間には静電引力
がはたらくためと説明することができる．ところで，二つの水素原子は，H 原子と
して独立して存在するよりも，共有結合を形成して H_2 分子として存在する方が安
定である．一方，二つのヘリウム原子は，He 原子として存在するよりも，共有結
合を形成して He_2 分子として存在する方が安定であるとはいえない．この理由を
説明せよ．

解答　　例題 2・5で学んだように，H_2 分子において，2 個の電子は結合性軌道
に配置される．結合性軌道は，もとの H 原子の原子軌道（1s 軌道）と比べて低い

エネルギーをもつ（図 2・1）．その結果，H_2 分子の電子がもつエネルギーは，H
原子がばらばらに存在したときと比べて低くなる．つまり，二つの H 原子は，共
有結合を形成して H_2 分子となることによってエネルギーが下がる．これが H 原子
として存在するよりも，H_2 分子として存在する方が安定な理由である．

　1 個の He 原子は 2 個の電子をもち，それらは 1s 軌道に配置される．He_2 分子が
形成されたとすると，He_2 分子は H_2 分子と同じように，He 原子の 1s 軌道（He1s）
よりもエネルギーの低い一つの結合性軌道と，He1s よりもエネルギーの高い一つ
の反結合性軌道をもつ．そして，それらの軌道はそれぞれ 2 個の電子により満たさ
れている．反結合性軌道と He1s のエネルギー差は，結合性軌道と He1s のエネル
ギー差よりも若干大きい．そのため，He_2 分子の 4 個の電子のエネルギーの合計は，
もとの二つの He 原子がもつ 4 個の電子のエネルギーの合計よりも大きくなってし
まう．すなわち，二つの He 原子が He_2 分子を形成することによってエネルギーは
増えてしまい，不安定となる．

例題 2・8: エネルギーバンド　　基底状態にある 6.94 g の Li 結晶のエネルギー
バンドにおいて，

1）2s 軌道に由来するエネルギーバンドは何個の分子軌道から成り立っている
か．

2）2s 軌道に由来するエネルギーバンドを構成する分子軌道のうち，何個の分子
軌道が電子によって占有されるか．

　解答　　1）6.94 g の Li 結晶のエネルギーバンドにおいて 2s 軌道に由来するエ
ネルギーバンドは 6.02×10^{23} 個の分子軌道から成り立っている．

　2）3.01×10^{23} 個の分子軌道が電子によって占有される．

　解説　　1）6.94 g の Li 結晶は 1 mol，すなわち 6.02×10^{23} 個の Li 原子からで
きている．6.02×10^{23} 個の Li 原子は合計 6.02×10^{23} 個の 2s 軌道をもつ．N 個の原
子軌道が重なって形成される分子軌道は N 個である．したがって，6.02×10^{23} 個
の 2s 軌道からは 6.02×10^{23} 個の分子軌道が形成され，これらがエネルギーバンド
を形成する．すなわち，6.94 g の Li 結晶のエネルギーバンドにおいて 2s 軌道に由
来するエネルギーバンドは 6.02×10^{23} 個の分子軌道から成り立っている．

　2）1 個の Li 原子は 1 個の 2s 電子をもつ．したがって，6.02×10^{23} 個の Li 原子
は合計 6.02×10^{23} 個の 2s 電子をもち，これらの Li 原子でできた Li 結晶は，2s 軌
道に由来するエネルギーバンド中に 6.02×10^{23} 個の電子をもつことになる．2s 軌

道に由来するエネルギーバンドは 6.02×10^{23} 個の分子軌道から成り立っているが、構成原理に従って電子は低いエネルギーの分子軌道から順番に 2 個ずつ配置される。したがって、$6.02 \times 10^{23}/2 = 3.01 \times 10^{23}$ 個の分子軌道が電子によって占有されることになる。

例題 2・9: 混成軌道　　炭素原子の sp, sp^2, sp^3 混成軌道のそれぞれは、何個の軌道から成り立っているか。また、sp, sp^2, sp^3 混成軌道それぞれにおいて、1 個 1 個の軌道がなす角度を答えよ。

　　解答　　sp, sp^2, sp^3 混成軌道はそれぞれ 2 個、3 個、4 個の軌道からなる。1 個 1 個の軌道がなす角度は、sp 混成軌道では $180°$、sp^2 混成軌道では $120°$、sp^3 混成軌道では $109.5°$ である（図 2・9）。

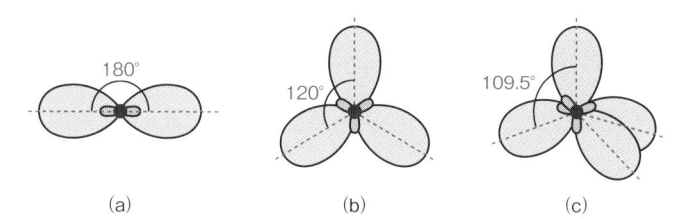

　　(a)　　　　　　　　　　(b)　　　　　　　　　　(c)

図 2・9　(a) 2 個の sp 混成軌道、(b) 3 個の sp^2 混成軌道、(c) 4 個の sp^3 混成軌道の形

解説　　sp 混成軌道は 1 個の 2s 軌道と 1 個の 2p 軌道から生じる。sp^2 混成軌道は 1 個の 2s 軌道と 2 個の 2p 軌道から生じる。sp^3 混成軌道は 1 個の 2s 軌道と 3 個の 2p 軌道から生じる。2s 軌道と 2p 軌道から混成軌道が生じる前後で、軌道の数は増えも減りもしない。すなわち、sp 混成軌道は $1 + 1 = 2$ 個の軌道からなり、sp^2 混成軌道は $1 + 2 = 3$ 個の軌道からなり、sp^3 混成軌道は $1 + 3 = 4$ 個の軌道からなる。

例題 2・10: ルイス構造と混成軌道　　フッ化ホウ素分子の形は正三角形であり、F−B−F 角は $120°$ であることが知られている。以下の問いに答えよ。

1) フッ素原子とホウ素原子の反応によるフッ化ホウ素の生成をルイス構造式を用いて表現せよ。

2) 混成軌道の概念を使ってフッ化ホウ素分子における結合の形成を説明せよ.

解答　　1) $\ddot{\text{B}} + 3\,\ddot{\underset{\cdot\cdot}{\text{F}}}\cdot \longrightarrow \ddot{\underset{\cdot\cdot}{\text{F}}}\!:\!\text{B}\!:\!\ddot{\underset{\cdot\cdot}{\text{F}}}:$
$$\underset{\displaystyle :\ddot{\text{F}}:}{}$$

2) BF_3 分子において F−B−F 角は 120° であることがすでにわかっている. まず B 原子が三つのエネルギーの等しい sp^2 混成軌道を形成し, それぞれの軌道に 1 個ずつ電子が配置される (図 2・10). つぎに, F 原子がもつ 2p 軌道上の不対電子が B 原子の sp^2 軌道上の不対電子と共有され, 一つの単結合が形成される (図 2・10). これらの単結合が合計三つ生じ, BF_3 分子ができあがる.

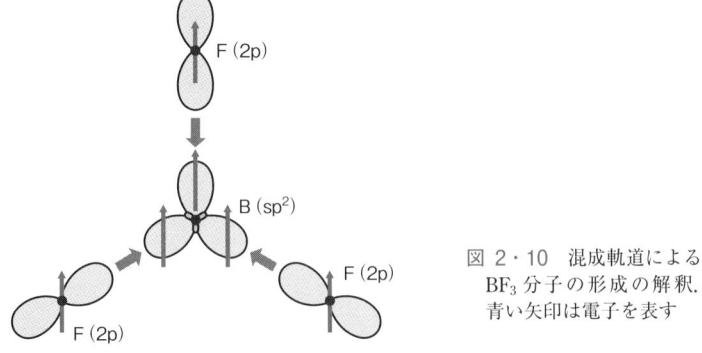

図 2・10　混成軌道による BF_3 分子の形成の解釈. 青い矢印は電子を表す

解説　　B 原子と F 原子の価電子がそれぞれ $2s^2 2p^1$, $2s^2 2p^5$ であることを出発点として例題 2・1 で解説した考え方に従えば, BF_3 のルイス構造式を容易に描くことができる. ただし, ルイス構造式上で, BF_3 分子の B 原子を囲む電子は 6 個と少なく, オクテット則が満たされない. B のほか, H, Be のように価電子の少ない原子により構成される分子でも電子が不足し, オクテット則が満たされない. このことは, H_2 分子や BeF_2 分子のルイス構造式を描くことによって理解できる. なお, SF_6 分子における S 原子のように, 12 個という過剰の電子に囲まれてオクテット則を満たさない例もある.

混成軌道の種類によって分子の形が決まるという考え方が重要である. 二つの sp 混成軌道, 三つの sp^2 混成軌道, 四つの sp^3 混成軌道が互いになす角はそれぞれ 180°, 120°, 109.5° である. BF_3 分子における F−B−F 角が 120° となるのは, B 原子が sp^2 混成軌道を形成するためであると考える. 同様に, BeF_2 分子における F−Be−F 角が 180° となるのは Be 原子が sp 混成軌道を形成するためであり, CH_4 分

子における H−C−H 角が 109.5° となるのは C 原子が sp³ 混成軌道を形成するためである.

例題 2・11: VSEPR 理論と分子の形　　H₂O 分子の O 原子, NH₃ 分子の N 原子は, ともに sp³ 混成軌道を形成すると解釈される. したがって, H−O−H 角, H−N−H 角は, 109.5° となることが予想される. しかしながら, 実在の H₂O 分子, NH₃ 分子の H−O−H 角, H−N−H 角は, それぞれ 104.5°, 107° であって, 109.5° よりも小さい. この理由について説明せよ.

　　解答　　**原子価殻電子対反発理論 (VSEPR 理論)** は, 電子対同士の間で静電的な反発が起こるという観点から分子の構造を説明するものである. また, その反発の大きさは, (非共有電子対-非共有電子対) > (非共有電子対-共有電子対) > (共有電子対-共有電子対) の順であることが知られている.

　　H₂O 分子の O 原子には二つの非共有電子対と二つの共有電子対が存在する. 非共有電子対-非共有電子対, 非共有電子対-共有電子対の間の反発力が, 共有電子対-共有電子対の間の反発力を上回るために, H−O−H 角が 109.5° よりも小さくなる (図 2・11(a)).

　　NH₃ 分子には一つの非共有電子対と三つの共有電子対が存在する. 非共有電子対-共有電子対の間の反発力が共有電子対-共有電子対の間の反発力を上回るために, H−N−H 角が 109.5° よりも小さくなる (図 2・11(b)).

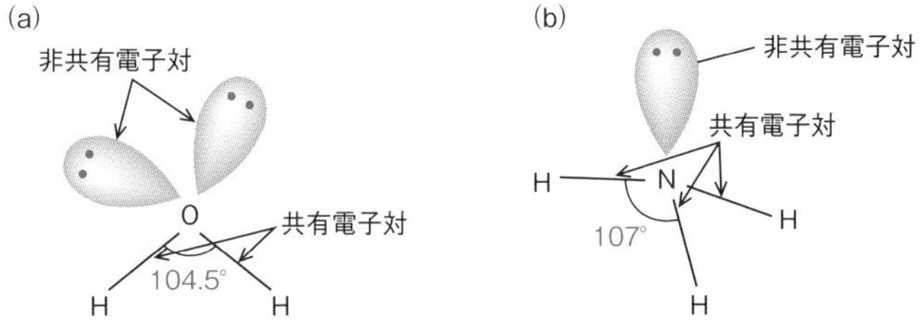

図 2・11　H₂O 分子 (a) と NH₃ 分子 (b) における電子対

例題 2・12: 分子の極性　　分子全体に電荷分布の偏りがあるとき, 分子は**極性**をもつという. BF₃, CF₄, H₂O, CO₂, O₃ のうち, 極性をもつ分子はどれか.

解答　　極性をもつ分子は，H_2O と O_3 である．

解説　　分子の極性は，分子内のすべての結合がもつ双極子モーメントの大きさと，それらの相対的な方向によって決まる．さらに，非共有電子対も全体の双極子モーメントに影響を与える．おおざっぱな近似であるが，双極子モーメント $\mu(D)$ は二つの原子 A，B のポーリングの電気陰性度（表 1・2）の差 $|\chi_A - \chi_B|$ として求めることができる．

H_2O：χ_O，χ_H はそれぞれ 3.44，2.20 であり，2 本の O-H 結合は O が δ-，H が δ+ に荷電し極性をもつ．H_2O は折れ線形であるため，2 本の結合がもつ双極子モーメントのベクトル和は 0 にならず，分子全体に図 2・12 に示す方向に双極子モーメントが生じる．さらに O の二組の非共有電子対も分子全体の双極子モーメントを強める効果がある．そのため，極性をもつ．

O_3：オゾンは酸素原子のみからなるが，酸素同士の結合は単結合と二重結合の中間的な性質をもち，真ん中の O が δ+ に，端の 2 個の O がそれぞれ 0.5 δ- に荷電しており，2 本の結合は極性をもつ．O_3 は折れ線形であるため，2 本の結合がもつ双極子モーメントは打ち消しあわず，分子全体に図に示す方向に双極子モーメントが生じる．そのため，極性をもつ．

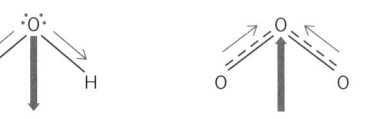

図 2・12　水とオゾン分子の極性．分子全体の双極子モーメントは太い矢印で示されている

BF_3，CF_4，CO_2：分子を構成する結合はそれぞれ極性をもつが，BF_3 は正三角形，CF_4 は正四面体形，CO_2 は直線形であるため，それぞれの結合に関する双極子モーメントのベクトル和は 0 になる．そのため，極性をもたない．

例題 2・13: イオン間にはたらく引力　　MgO 結晶と NaCl 結晶はともに塩化ナトリウム（岩塩）型構造をとる（図 2・13）．格子定数は 0.4213 nm（MgO），0.5640 nm（NaCl）である．これらの結晶中で最近接の Mg^{2+} と O^{2-} の間にはたらく引力と，Na^+ と Cl^- の間にはたらく引力の比はいくらであるか．ただし，両イオン間にはたらく反発力を無視せよ．

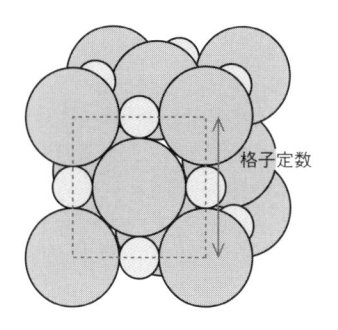

図 2・13 塩化ナトリウム（岩塩）型構造

解答　陽イオンと陰イオンの間にはたらく引力の大きさは，両イオンの価数の積に比例し，イオン間距離の2乗に反比例する．ここでイオン間距離は両イオンの中心間の距離である．図2・13を見てわかるように，塩化ナトリウム型構造の格子定数はイオン間距離の2倍に等しいから，Mg^{2+} と O^{2-} のイオン間距離は，

$$\frac{0.4213\,nm}{2} = 0.211\,nm$$

Na^+ と Cl^- のイオン間距離は，

$$\frac{0.5640\,nm}{2} = 0.282\,nm$$

である．したがって，Mg^{2+} と O^{2-} の間にはたらく引力と，Na^+ と Cl^- の間にはたらく引力の比は，

$$(Mg^{2+}\text{-}O^{2-}\ 間引力):(Na^+\text{-}Cl^-\ 間引力) = \frac{2\times2}{0.211^2}:\frac{1\times1}{0.282^2} = 7.14:1$$

例題 2・14: 陽イオン・陰イオン対のポテンシャルエネルギー　陽イオン・陰イオン対のポテンシャルエネルギーに関する以下の問いに答えよ．

1）陽イオン・陰イオン対のポテンシャルエネルギーは，両イオン間距離とともにどのように変化するか．図示せよ．

2）なぜ陽イオン・陰イオン対のポテンシャルエネルギーは両イオン間距離とともに，1）で答えたように変化するのかを説明せよ．

3）イオンは固有の半径（イオン半径）をもつといわれる．また，イオンはパチンコ玉のように硬い球（剛体球）とみなされる．これらのことを，1）で図示したポテンシャルエネルギー曲線に基づいて説明せよ．

4）陽イオン・陰イオン対を切り離すのに必要なエネルギーは，1）で描いた図ではどのエネルギーに相当するか答えよ．

解答　1）陽イオン・陰イオン対のポテンシャルエネルギーは，両イオン間の距離とともに図2・14の太い曲線で示すように変化する．すなわち，無限遠から陽イオンと陰イオンを近づけていくとポテンシャルエネルギーが減少し，ある距離（平衡核間距離）のところで極小値をとり，イオンをそれ以上近づけようとすると急激に増大する．

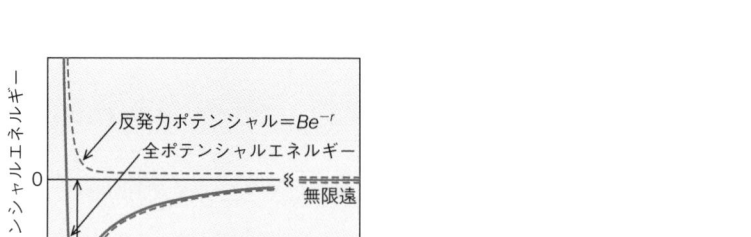

図2・14　陽イオン・陰イオン対の
ポテンシャルエネルギーとイオン
間距離の関係

2）陽イオンと陰イオンの間には静電引力がはたらき，この引力はイオン間距離 r の2乗に反比例する．この力を距離で積分したものがポテンシャルエネルギーとなるので，イオン対は r に反比例した引力ポテンシャル（負の値）をもつことになる．すなわち，引力ポテンシャルはイオン間距離の減少とともに負の値で減少する（図2・14）．一方，イオン対は反発力ポテンシャル（正の値）ももち，これは e^{-r} に比例し，r が小さくなると急激に増大する（図2・14）．ただし，図2・14中の B は定数である．これら引力ポテンシャルと反発力ポテンシャルの和がイオン対の全ポテンシャルエネルギーである．引力ポテンシャルと反発力ポテンシャルの r への依存性が異なるために，1）で答えたような形のポテンシャル曲線が生じる．

3）2）で述べたように，反発力ポテンシャルは r が小さくなると急激に増大する．このため，陽イオンと陰イオンを無理矢理近づけようとしてもポテンシャルエネルギーが急激に増大し，実際にはある距離以上に近づけることができない．このためにイオンを剛体球とみなすことができる．また，ある距離以上には近づけないということは，そのイオンが固有の半径をもつとみても差し支えないわけである．

4) 陽イオン・陰イオン対は，ポテンシャルエネルギーが極小となるイオン間距離において最も安定である．イオン対を切り離すというのは，図 2・14 において，イオン間距離を無限大にすることに等しい．したがって，図 2・14 の両矢印で示した大きさのエネルギーを外部から与えれば，イオン対は切り離される．

例題 2・15: イオン結晶の格子エネルギー　　イオン結晶の格子エネルギーに関する以下の問いに答えよ．

1) LiF 結晶の格子エネルギーとは何であるか，明確に答えよ．

2) 表 2・1 の熱力学データを用いて LiF 結晶の格子エネルギーを求めよ．

表 2・1　LiF, Li, F_2, F にかかわる熱力学データ

	生成熱 $kJ\ mol^{-1}$	解離熱 $kJ\ mol^{-1}$	気化熱 $kJ\ mol^{-1}$	電子親和力 $kJ\ mol^{-1}$	イオン化エネルギー $kJ\ mol^{-1}$
LiF	-616.9				
Li			$+160.7$		$+520.5$
F_2		$+157.8$			
F				$+328.0$	

解答　　1) LiF 結晶の**格子エネルギー**とは，1 mol の LiF 結晶が Li^+ イオンと F^- イオンに解離するときに吸収する熱のことである．すなわち，以下の反応のエンタルピー変化 $\Delta H_{L(LiF)}$ のことである．

$$LiF(s) \longrightarrow Li^+(g) + F^-(g) \qquad \Delta H_{L(LiF)} \qquad (2\cdot1)$$

2) 表 2・1 にあげられた生成熱を $\Delta H_{F(LiF)}$，解離熱を $\Delta H_{D(F-F)}$，気化熱を $\Delta H_{S(Li)}$，電子親和力を $\Delta H_{E(F)}$，イオン化エネルギーを $\Delta H_{I(Li)}$ で表すと，反応のエンタルピー変化はそれぞれ以下のようになる．

$$Li(s) + \frac{1}{2}F_2(g) \longrightarrow LiF(s) \qquad \Delta H_{F(LiF)} \qquad (2\cdot2)$$

$$F_2(g) \longrightarrow 2F(g) \qquad \Delta H_{D(F-F)} \qquad (2\cdot3)$$

$$Li(s) \longrightarrow Li(g) \qquad \Delta H_{S(Li)} \qquad (2\cdot4)$$

$$F(g) + e^- \longrightarrow F^-(g) \qquad -\Delta H_{E(F)} \qquad (2\cdot5)$$

$$Li(g) \longrightarrow Li^+(g) + e^- \qquad \Delta H_{I(Li)} \qquad (2\cdot6)$$

ただし，ここで (g), (s) はそれぞれ気体状態，固体状態を表し，e^- は電子である．反応のエンタルピー変化は常に吸熱量として定められるが，ここで注意しなければ

ならないのは，電子親和力に限って，原子が1個の電子を受け取って陰イオンになる反応における発熱量として定義されていることである．このため，上の式では $\Delta H_{E(F)}$ に － がついている．

　さて，ここで求められているのは (2・1)式の反応の $\Delta H_{L(LiF)}$ である．エンタルピーは状態量であり，エンタルピー変化はその経路によらず一定であるため，図2・15 のような**ボルン–ハーバーサイクル**を用いて，格子エネルギーを求めることができる．

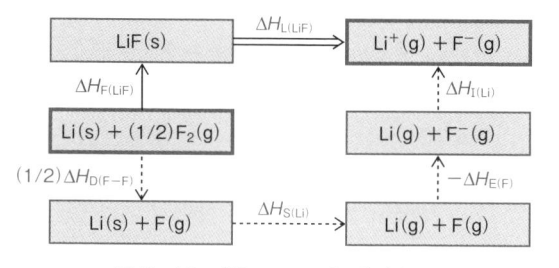

図 2・15　ボルン–ハーバーサイクル

　(2・1)式の反応は，図2・15 では二重線矢印で示されている．LiF(s) の生成反応は (2・2)式で表される（図2・15, 実線矢印）．一方，$F_2(g)$ を解離させて F(g) とし ((2・3)式)，電子を付加すれば $F^-(g)$ が生じ ((2・5)式)，さらに Li(s) を気化させて Li(g) とし ((2・4)式)，イオン化すれば $Li^+(g)$ が生じる ((2・6)式)．図2・15 ではこの経路を破線矢印で示している．このように，図2・15 において，$Li(s) + (1/2)F_2(g)$ から始まって，$Li^+(g) + F^-(g)$ に終わる経路を 2 通り考えたことになる．これが LiF のボルン–ハーバーサイクルである．いずれの経路をたどったとしても，$Li(s) + (1/2)F_2(g)$ から $Li^+(g) + F^-(g)$ に至る過程での吸熱量は同じである．すなわち，

$$\Delta H_{F(LiF)} + \Delta H_{L(LiF)} = \frac{1}{2}\Delta H_{D(F-F)} + \Delta H_{S(Li)} - \Delta H_{E(F)} + \Delta H_{I(Li)} \qquad (2 \cdot 7)$$

(2・7)式に表2・1のデータを代入すると，

$$-616.9 + \Delta H_{L(LiF)} = \frac{157.8}{2} + 160.7 - 328.0 + 520.5$$

これより，$\Delta H_{L(LiF)} = 1049 \, kJ \, mol^{-1}$ が得られる．

例題 2・16: 格子エネルギーの理論式　　(2・8)式は，イオン結晶の格子エネルギー U の理論値を与える式である．この式から何が読み取れるか，説明せよ．

$$U = \frac{N_A A Z_c Z_a e^2}{4\pi\varepsilon_0 r} - N_A a e^{-r/\rho} \qquad (2\cdot8)$$

ここで N_A はアボガドロ定数，A はマーデルング定数，Z_c と Z_a はそれぞれ陽イオンと陰イオンの価数，e は電気素量，ε_0 は真空の誘電率，r は最近接陽イオン・陰イオン間距離，a と ρ は原子の種類によって決まる定数である．

　解答　　(2・8)式から，以下のことが読み取れる．

　1) イオン結晶の格子エネルギーは，イオンの価数が大きいほど大きくなる．

　2) イオン結晶の格子エネルギーは，最近接陽イオン・陰イオン間距離が小さいほど，すなわち，イオン半径が小さいほど大きくなる．

　3) イオン結晶の格子エネルギーは，結晶構造の影響を受ける．

　解説　　一対の陽イオン・陰イオン間の静電ポテンシャルは $-Z_c Z_a e^2/r$ であるが，イオン結晶中では，互いに接していないイオン間にも静電引力あるいは反発力がはたらく．これらの静電引力および反発力まで考慮したとき，結晶中の1個のイオンと他のすべてのイオンの間の静電ポテンシャル $E_{A,Cryst.}$ は，

$$E_{A,Cryst.} = \frac{A Z_c Z_a e^2}{r} \qquad (2\cdot9)$$

と書ける．A は**マーデルング定数**とよばれ，イオンの幾何学的配置，すなわち結晶構造が決まれば一義的に決まる定数である．

　(2・8)式によって計算される格子エネルギーは実測値ではなく理論値である．ボルン-ハーバーサイクルに登場する熱力学データがない場合には，この式を用いることによって格子エネルギーを推算することができる．

練 習 問 題

　2・1　酸素分子の分子軌道のエネルギー準位図を描け．ただし，二つの酸素原子は z 軸方向で互いに近づき，O_2 分子を形成するものとする．

　2・2　H_2 分子と He_2 分子の結合次数を求めよ．また，O_2 分子の結合次数を求めよ．

　2・3　HF 分子の分子軌道のエネルギー準位について考える．ただし，ここでは F2s 軌道の寄与を考慮しないものとする．ここで，H1s 軌道と F2p 軌道の波動関数

をそれぞれ χ_H, χ_F とすると，HF 分子の結合性軌道の波動関数 ϕ_+ と反結合性軌道の波動関数 ϕ_- は，それぞれ次式で表せる．

$$\phi_+ = 0.189\,\chi_H + 0.982\,\chi_F$$
$$\phi_- = 0.982\,\chi_H - 0.189\,\chi_F$$

1）エネルギー準位図上に H1s 軌道と F2p 軌道のエネルギー準位を描き，さらに，HF 分子の結合性軌道と反結合性軌道のエネルギー準位を描け．

2）これらの式は，HF 分子の結合性軌道と反結合性軌道に対する H1s 軌道と F2p 軌道の寄与について，どのようなことを示唆しているか．

3）これらの式は，H−F 結合における電子密度について，どのようなことを示唆しているか．

4）結局，2）と3）で答えたことは，H と F のどのような性格から生じることであると理解されるか．

2・4　CO_2 分子がどのような σ 結合と π 結合により形成されているかを，混成軌道を図示して説明せよ．ただし，C 原子と O 原子は x 方向で接近して CO_2 分子を形成するものとする．

2・5　混成軌道の概念と VSEPR 理論に基づき，つぎの化合物の構造を推測せよ．
a）XeF_4，b）$TeCl_4$，c）SO_3^{2-}，d）I_3^-，e）ClF_3

2・6　NH_3 分子と NF_3 分子はともに三角錐の構造をもつ．分子の極性は NF_3 の方が NH_3 よりもかなり小さい．理由を述べよ．

2・7　LiF 結晶と KF 結晶はともに塩化ナトリウム（岩塩）型構造をとる．下表の熱力学データを用いて KF 結晶の格子エネルギーを求め，例題 2・15 で求めた LiF 結晶の格子エネルギーと比較せよ．両結晶の格子エネルギーの差の原因は何にあると考えられるか．

	生成熱 $kJ\ mol^{-1}$	解離熱 $kJ\ mol^{-1}$	気化熱 $kJ\ mol^{-1}$	電子親和力 $kJ\ mol^{-1}$	イオン化エネルギー $kJ\ mol^{-1}$
KF	−567.4				
K			+89.2		+418.4
F_2		+157.8			
F				+328.0	

3

元素の性質と化合物

　無機化学では，周期表に並ぶ 100 を超える元素の性質，各元素の単体および元素の無数の組合わせとして生じる化合物の構造，反応，性質，さらには原子核の反応までも対象とする．元素の性質は，原子の中心にある原子核の影響下で運動する電子の軌道やエネルギーに依存して変化する．原子における電子の運動のような微視的な現象は量子力学で説明でき，量子数とよばれるパラメーターによって電子のエネルギーや存在領域が表現される（1 章参照）．この結果，状態の異なる電子の数に応じて，異なる元素を順番に規則的かつ合理的に並べて整理することが可能になる．このようにしてつくられている元素の配列が**周期表**である．したがって，**元素が周期表のどの位置に存在するかに応じて，元素の電子構造や化学的性質を知ることができる**．さらに，単体や化合物における原子の配列や化学結合，物質の反応や性質などは，物質を構成する元素の状態や性質に立脚して議論できる．

　周期表では元素は電子構造に基づいて並べられているため，同族の元素には多くの類似性が現れる．たとえば，アルカリ金属は水と反応しやすく反応後の水溶液は塩基性を示す，アルカリ土類金属は 2 価の陽イオンを生成しやすい，貴ガスは不活性で他の元素と安定な化合物をつくりにくい，ハロゲンの単体は 2 原子分子の状態で存在する，炭素，ケイ素，ゲルマニウムはいずれもダイヤモンド型の結晶構造をもちうる，ランタノイドイオンは化学的性質が似ているため互いの分離が困難であるなど，それぞれの族において共通する構造や性質は多く見られる．他方，**同じ族の元素であっても原子番号が異なると性質や反応性が相異する現象も多く知られており，**貴ガスであってもキセノンは比較的化合物をつくりやすい，マグネシウムからバリウムまでの水酸化物が塩基性を示す一方で，水酸化ベリリウムは両性であ

る，同じハロゲンであっても常温・常圧でフッ素と塩素は気体，臭素は液体，ヨウ素は固体である，ハロゲン化水素のなかでフッ化水素の沸点が異常に高い，ホウ素やアルミニウムは 3 価が安定であるが，タリウムはもっぱら Tl^+ の形で存在する，酸素の酸化数は -2 が最も一般的であるが，テルルでは酸化数が $+6$ や $+4$ となる化合物が見られるなど，こちらも例をあげるといとまがない．

　一方，**一つの周期における元素の性質の変化にも注目すべきである**．周期表では水素を除けば左側に金属元素が並んでおり，右側には非金属の元素があって，特に原子番号の小さい周期では左側に位置する元素の単体は常温・常圧で固体，右側の元素は気体となることが多い．また，周期表の左側にある元素は陽イオンになりやすいが，逆に右側の元素は貴ガスを除けば陰イオンとなる状態が一般的である．d 軌道が順に電子で占められていく主遷移元素や f 軌道が占有されていく内部遷移元素では，遷移元素の原子半径やイオン半径は同じ周期で見ると原子番号の増加に従い減少する傾向を示す．特にランタノイドやアクチノイドのような内部遷移元素において，そのような現象が顕著に見られる．このため，第三系列（La から Au までの遷移元素）の原子半径とイオン半径は第二系列（Y から Ag までの遷移元素）とほとんど等しくなる．このような現象はアルカリ金属やアルカリ土類金属には見られない．

　遷移元素に見られる特徴をさらに述べておこう．アルカリ金属，アルカリ土類金属，アルミニウム，鉛などの遷移元素以外の金属と比べると，遷移金属（遷移元素の単体）には融点の高い物質が多い．同じ族の遷移元素では原子番号が大きい遷移金属ほど，融点が高くなる傾向がある．また，遷移元素の第一イオン化エネルギーは約 $550\ kJ\ mol^{-1}$ から $900\ kJ\ mol^{-1}$ までの範囲にあり，低いものはリチウムやストロンチウムの値に相当し，高いものはホウ素やリンに匹敵する．この結果，遷移元素はイオン結合から共有結合まで多様な化学結合を形成する．さらに，ほとんどの遷移元素が多くの酸化数をもち，特に主遷移元素では酸化数は負から正まで広範囲にわたる．これは d 軌道を占める電子の数が変化することを意味し，これによって原子やイオンの電子状態やスピンの状態は大きく変化するため，遷移元素を含む化合物は多様な電気的，磁気的，光学的性質を示す．

　本章では，周期表に基づいて元素，単体，化合物の性質や反応性を考える．具体的には，周期表の同じ族の元素に見られる類似性と相違点，特定の元素の性質の特異性，特徴的な構造や性質を示す単体や化合物の各論，性質に基づくさまざまな化合物の分類，工業的に重要な無機化合物の合成方法などを学ぶ．扱う物質は単体や

構造の単純な無機化合物ばかりではなく，有機金属化合物や生体に関係する化合物も含まれる．また，いくつかの問題は錯体の構造や性質，結晶の構造や固体の性質にも関係するが，錯体については5章で，無機固体の構造と性質については6章でそれぞれ扱われているので，これらの章も参考にしていただきたい．加えて，同位体や核化学に関する問題も設けた．新しい元素の合成や，放射性同位体を用いた化学反応や物質移動の追跡など，原子核の反応は無機化学の重要な課題の一つである．

例題 3・1: 各族の元素の特徴　　周期表の元素に関するつぎの記述のうち，誤っているものはどれか．また，どの点が誤りであるかを説明せよ．

1) 第 n 周期の1族元素の電子配置は［貴ガスの電子配置］ns^1 と表される．

2) 2族元素の単体はすべて金属である．

3) 3族元素は +3 の酸化状態が最も安定である．

4) 同じ族の遷移元素を比較したとき，第4周期と第5周期では元素の性質は類似しているが，第6周期はこれら二つの周期と性質が異なる．

5) 16族元素はすべて正の酸化数をとりうる．

6) 17族元素の単体にはたらく分子間力は，族の下になるほど弱くなる．

解答

1) 正しい

2) 正しい

3) 誤り．アクチノイドを除く3族元素は +3 の酸化状態が最も安定である．

4) 誤り．むしろ第5周期と第6周期の元素の性質が類似しており，第4周期はこれら二つの周期と性質が異なる．

5) 正しい

6) 誤り．17族元素の単体にはたらく分子間力は，族の下になるほど強くなる．

解説　　18族元素である**貴ガス**は，電子配置が閉殻構造であるため非常に安定で，化学的に不活性である．貴ガスの電子配置から，エネルギーの高い外殻の ns 軌道に1個の電子が付加された状態が1族元素の特徴である．よって1族元素はこの最外殻の電子を失って1価の陽イオンになりやすい（例題3・8参照）．1族元素のように価電子が s 電子のみである元素を **s ブロック元素**といい，貴ガスのヘリウムおよび2族元素がこれに含まれる．また，s ブロック元素から水素とヘリウムを除いた元素を **s ブロック金属**とよぶ．アルカリ金属とアルカリ土類金属がこれに

含まれる．2 族元素のうちベリリウムとマグネシウムを除く元素をアルカリ土類金属と定義する場合もあるが，本書では 2 族元素をアルカリ土類金属と称する．

　3 族から 11 族までの元素は**遷移元素**であり，第 4 周期，第 5 周期，第 6 周期の元素をそれぞれ第一系列，第二系列，第三系列の遷移元素という．**ランタノイド**は遷移元素の一種であり，3 族の第 6 周期に位置する原子番号が 57 から 71 までの元素をさす．ランタノイドに同じ 3 族のスカンジウムとイットリウムを加えた一連の元素を**希土類**とよんでいる．希土類元素は +3 の酸化状態が最も安定であるが，第 7 周期の 3 族である**アクチノイド**はその限りではない．また，同じ族の遷移元素を比較すると第 5 周期と第 6 周期の元素は互いに似た化学的性質をもっているが，第 4 周期の元素は第 5 周期，第 6 周期の元素と性質が異なる場合が多い．たとえば，第 4 周期の遷移元素は低い酸化状態が安定であるが，第 5 周期，第 6 周期の遷移元素は高い酸化状態をとりやすい．また，第 4 周期の遷移元素の化合物と比べて第 5 周期，第 6 周期の遷移元素の化合物は共有結合性が大きい．

　16 族元素は**カルコゲン**とよばれる．カルコゲンは，酸素，硫黄，セレン，テルル，ポロニウムの総称として用いられるが，酸素を除いた他の四つの元素をさす名称として使われることもある．硫黄，セレン，テルルには，+4 や +6 などの酸化数がよく見られる．ポロニウムも PoO_2 や PoO_3 などの酸化物を生成する．酸素は陰イオンが安定になるものの，フッ素との化合物では正の酸化数をとる．たとえば，OF_2 では電気陰性度の大きい F が陰イオンとなるため，O の酸化数は正の値となる．具体的には F の酸化数が -1，O の酸化数は $+2$ である．他の多くの酸化物において O の酸化数は -2 である．

　17 族元素の別名は**ハロゲン**であり，常温・常圧でフッ素は気体，塩素は気体，臭素は液体，ヨウ素は固体であることから，分子間力は，$Cl_2 < Br_2 < I_2$ であることがわかる．また，フッ素と塩素の融点はそれぞれ $-220\,°C$ および $-102\,°C$，また，沸点は $-188\,°C$ および $-34\,°C$ であり，分子間力の大きさの関係は $F_2 < Cl_2$ である．

例題 3・2: 水素の同位体　　水素の同位体の名称とそれぞれの質量数を述べよ．

　解答　　水素，重水素（ジュウテリウム），三重水素（トリチウム）の 3 種類の同位体があり，質量数はそれぞれ，1，2，3 である．

　解説　　水素には，原子核が陽子 1 個からなるいわゆる水素（化学記号 H または ^1H）のほか，1 個の陽子と 1 個の中性子からなる**重水素**（D または ^2H），1 個

の陽子と 2 個の中性子からなる**三重水素**（T または ^{3}H）という同位体が存在する．質量数が 1 の水素を特に軽水素またはプロチウムということもある．自然界に存在する水素の同位体はほとんどが H であり，D は百分の一 % 程度，T は痕跡量の程度である．三重水素は放射性核種であり，12.32 年の半減期で β^- 壊変する．

例題 3・3: 水素の単体　　　オルト水素とパラ水素とは何か，説明せよ．

　解答　　　水素分子において，二つの水素原子核の核スピンが同じ方向を向いているものをオルト水素といい，核スピンが互いに逆向きのものをパラ水素という．水素の原子核である陽子はスピン量子数が 1/2 であるため，水素分子において合成された核スピンはオルト水素では 1，パラ水素では 0 となる．

例題 3・4: 水素の化合物　　　つぎの水素の化合物を，塩類似水素化物，金属類似水素化物，分子状化合物に分類せよ．

　　H_2O, HCl, NH_3, CH_4, LiH, CaH_2, B_2H_6, $TiH_{1.73}$

　解答

　　塩類似水素化物：　　LiH, CaH_2

　　金属類似水素化物：　　$TiH_{1.73}$

　　分子状化合物：　　H_2O, HCl, NH_3, CH_4, B_2H_6

解説　　　水素の化合物は化学的性質に基づいて塩類似水素化物，金属類似水素化物，分子状化合物の 3 種類に大別できるが，なかには中間的な性質を示す化合物

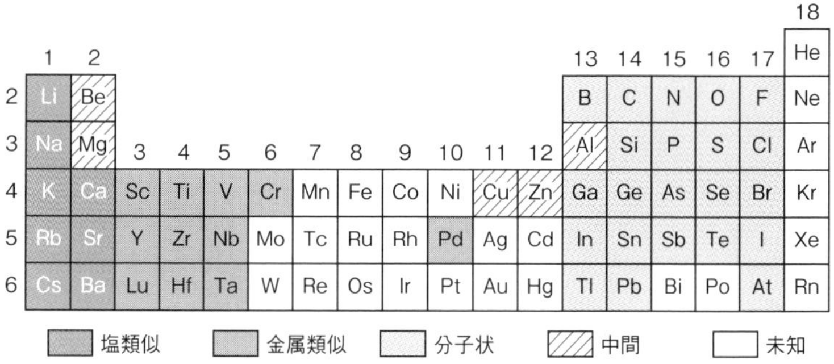

図 3・1　水素と二元系化合物をつくる元素の分類

もある．また，水素との二元系の化合物が知られていない元素もある．これらを図
3・1 としてまとめた．**塩類似水素化物**はアルカリ金属および一部のアルカリ土類
金属の水素化物である．アルカリ土類金属の水素化物のうち BeH_2 と MgH_2 は分子
状化合物との中間的な性質を示す．**金属類似水素化物**をつくる元素はすべて遷移元
素である．この化合物は $TiH_{1.73}$，$LaH_{2.76}$ のように非化学量論組成（化合物を構成
する種類の異なる元素の割合が単純な整数の比で表せない）となることが多い．ア
ルカリ金属，アルカリ土類金属，遷移元素以外の元素の水素化物は，ほとんどのも
のが**分子状化合物**である．

例題 3・5: 貴ガスの化合物　　貴ガスは不活性であり他の元素と化合物をつ
くることが少ないが，キセノンは例外的に多くの化合物を生成する．なぜか．

　解答　　キセノンは貴ガスのなかでも原子半径が大きいため相対的にイオン化エ
ネルギーが小さい．よって，キセノンの酸化数が正となるような化合物を生成しや
すい．

　解説　　キセノンの化合物として，XeF_2，XeF_4，XeF_6，XeO_3，XeO_4 などが知
られている．これらの化合物における Xe の酸化数は，それぞれ，＋2，＋4，＋6，
＋6，＋8 となる．キセノンのフッ化物は強力なフッ素化剤であり，たとえば，XeF_6
は SiO_2 と反応して SiF_4 を生成する．また，クリプトンの化合物として KrF_2 のみ
が知られているが，この化合物は不安定であり，水と激しく反応して分解する．

例題 3・6: リチウムの特異性　　リチウムは他のアルカリ金属と比べて特異
な化学的性質を示すことが多い．つぎの事項に関連させて，アルカリ金属における
リチウムの特異性を説明せよ．

1) 単体の大気圧下での燃焼
2) 窒化物の生成
3) 水酸化物の加熱による変化

　解答　　1) アルカリ金属の単体を大気圧下で燃焼させると，リチウムでは主と
して Li_2O が生成するが，カリウム，ルビジウム，セシウムでは超酸化物が生じる．

　2) リチウムの単体は室温で窒素と反応して Li_3N を生成するが，他のアルカリ金
属ではこの反応は起こらない．

　3) $LiOH$ は加熱により Li_2O と H_2O に分解するが，$NaOH$ や KOH は分解せずに

昇華する.

解説　リチウムが他のアルカリ金属と比べて特異な化学的性質を示す原因の一つとして，リチウムの非常に小さい原子半径やイオン半径があげられる．リチウムの特異性には，上記のほかにつぎのようなものがある．Li_2CO_3 は他のアルカリ炭酸塩と比べると熱的安定性が低い．Li_2SO_4 の結晶は常温・常圧で単斜晶であるのに対し，他のアルカリ硫酸塩の結晶は直方晶となる．リチウムのイミド Li_2NH は存在するが，他のアルカリ金属には見られない．

例題 3・7: ナトリウムの単体と酸化物　　ナトリウムの単体，酸化物，過酸化物，超酸化物に関して，つぎの問いに答えよ.

1) これら四つの物質における Na の酸化数を述べよ.

2) これらの物質と水との反応を化学反応式で表せ.

解答　　1) ナトリウムの単体，酸化物，過酸化物，超酸化物を化学式で表すと，Na，Na_2O，Na_2O_2，NaO_2 であり，酸化数は単体において 0，他の三つの化合物において +1 となる.

2) それぞれの物質の水との反応は，つぎのようになる.

$$2Na + 2H_2O \longrightarrow 2NaOH + H_2 \tag{3・1}$$

$$Na_2O + H_2O \longrightarrow 2NaOH \tag{3・2}$$

$$Na_2O_2 + 2H_2O \longrightarrow 2NaOH + H_2O_2 \tag{3・3}$$

$$2NaO_2 + 2H_2O \longrightarrow 2NaOH + O_2 + H_2O_2 \tag{3・4}$$

解説　例題 3・1 で述べたように，アルカリ金属原子は最外殻に ns 軌道（n は主量子数）をもち，1 個の電子がこの軌道を占める．$n = 2, 3, 4, 5, 6, 7$ が，それぞれリチウム，ナトリウム，カリウム，ルビジウム，セシウム，フランシウムに対応する．最外殻の s 電子が失われると，貴ガスと同じ電子配置となって安定化する．このため酸化数が +1 のイオンが安定に存在する．過酸化物や超酸化物においても，このことは成り立つ.

ナトリウムの小片を水に入れると炎をあげながら激しく反応する．(3・1)式からわかるように反応後の水溶液はアルカリ性を示す．原子番号の大きいアルカリ金属ほど水との反応性は増す．アルカリ金属は空気中の水分とも反応し，空気による酸化も受けやすいので，保存する際には石油などに浸漬する必要がある．アルカリ金属の過酸化物や超酸化物は強い酸化剤で，水と反応すると過酸化水素や酸素を生じる.

例題 3・8: s ブロック金属のイオン化エネルギー Na と Mg のイオン化エネルギーを比べると，第一イオン化エネルギーは Mg の方が大きいが，第二イオン化エネルギーは Na の方が大きい．なぜか．

　解答 Na と Mg では，どちらも最外殻の電子が存在する原子軌道は 3s 軌道である．原子核から最外殻の電子までの距離は原子核の正電荷が大きい分だけ Mg の方が短く，そのため Mg では原子核が 3s 軌道の電子を強く引きつけている．よって，第一イオン化エネルギーは Mg において大きくなる．一方，Mg の第二イオン化エネルギーは残ったもう一つの 3s 電子を取去る過程に必要なエネルギーであり，結果として生じる電子配置は貴ガスの Ne に等しく安定化するが，Na では第二イオン化エネルギーは Ne に等価な電子配置から電子を取去るために必要なエネルギーに等しく非常に大きくなる．

　解説 アルカリ金属とアルカリ土類金属のイオン化エネルギーを表 3・1 に示した．アルカリ金属とアルカリ土類金属では上述の傾向がすべての元素において見られる．また，おのおのの族において，原子半径が大きくなるにつれてイオン化エネルギーは減少する．原子半径が大きい原子では内殻電子が原子核を遮蔽する効果が大きいため，価電子の有効核電荷は小さくなり，イオン化エネルギーは減少する（例題 1・12 も参照）．

表 3・1　アルカリ金属とアルカリ土類金属のイオン化エネルギー

元　素	第一イオン化エネルギー (kJ mol^{-1})	第二イオン化エネルギー (kJ mol^{-1})
アルカリ金属		
Li	513	7297
Na	496	4562
K	419	3051
Rb	403	2632
Cs	376	2420
アルカリ土類金属		
Be	899	1757
Mg	737	1450
Ca	590	1145
Sr	549	1064
Ba	503	965
Ra	509	979

例題 3・9: ジボランの結合　　ジボラン B_2H_6 の立体的な構造は図 3・2 のようになる. つぎの問いに答えよ.

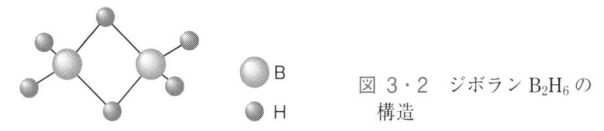

B
H

図 3・2　ジボラン B_2H_6 の構造

1) ジボランにおける B−H−B 結合を分子軌道とそのエネルギー準位に基づいて説明せよ.

2) ジボランを例にとり, 電子不足化合物について説明せよ.

解答　　1) B−H−B 結合の分子軌道は二つのホウ素の原子軌道と一つの水素の 1s 軌道からなり, すべての原子軌道が同じ位相をもてば図 3・3(a) のような結合性軌道をつくり, 二つのホウ素の原子軌道と水素の 1s 軌道との位相が異なれば図 3・3(b) のように反結合性軌道となる. ホウ素原子同士の原子軌道の位相が異なると, 水素原子の 1s 軌道はどちらの結合にも関与せず, 図 3・3(c) のような非結合性軌道となる. これらの軌道は図 3・4 のようなエネルギー準位を形成する. ホウ素は 3 個の価電子をもち, そのうちの 2 個が両端の二つの水素原子との結合に使われるため, B−H−B 結合に寄与する電子は一つのホウ素原子あたり 1 個となる. これと水素の 1s 電子の合わせて 2 個の電子が一つの B−H−B 結合に寄与し, 図 3・4 に示したように電子はすべて結合性軌道を占有するので化学結合は安定化する. このように 3 個の原子からなる分子軌道を 2 個の電子で占めて安定化する結

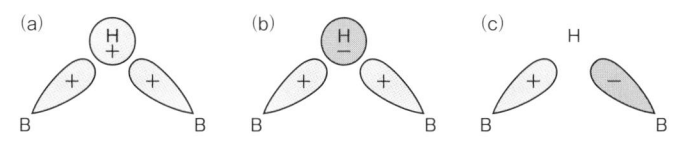

(a)　　　　　　　(b)　　　　　　　(c)

図 3・3　ジボランにおける B−H−B 結合と分子軌道. (a) 結合性軌道,
(b) 反結合性軌道, (c) 非結合性軌道. ＋と−は軌道の位相を表す

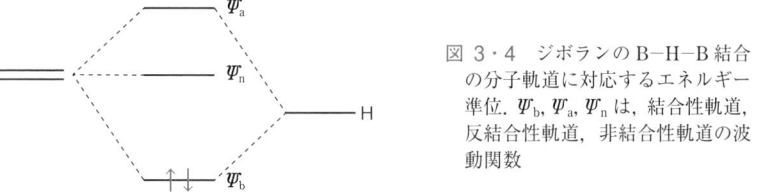

Ψ_a

2B　　　　　　　　Ψ_n

Ψ_b

H

図 3・4　ジボランの B−H−B 結合の分子軌道に対応するエネルギー準位. Ψ_b, Ψ_a, Ψ_n は, 結合性軌道, 反結合性軌道, 非結合性軌道の波動関数

合を **3 中心 2 電子結合**という.

2) 図 3・2 からわかるように, ジボランにおいて化学結合は全部で 8 個ある. また, ホウ素および水素原子の価電子はそれぞれ 3 個および 1 個であるから, B_2H_6 において化学結合に寄与できる電子は全部で 12 個となる. 一般に一つの化学結合には 2 個の電子が使われるので, ジボランでは化学結合の形成に必要な電子の数が足りない. この種の化合物を**電子不足化合物**という.

例題 3・10: 炭素の同位体　　　炭素の同位体に基づいて原子量が定義される. 具体的に説明せよ.

　　解答　　　元素の**原子量**は, 炭素の同位体 ^{12}C の質量を 12 u と定め, これを基準にした相対的な質量（相対原子質量）で表され, 同位体が存在する場合はそれぞれの相対原子質量をその存在比で加重平均して求めた数値となる.

　　解説　　　^{12}C 1 個の質量の 12 分の 1 を基準とした質量の単位は**統一原子質量単位(u)** とよばれ, $1.66053906660(50) \times 10^{-27}$ kg にあたる. 原子量は定義からわかるように次元をもたない. また, アボガドロ定数は正確に $6.02214076 \times 10^{23}$ mol^{-1} と定義され, この数の粒子を含む物質の物質量が 1 mol となることから, 1 mol の ^{12}C 原子の質量は 11.999 999 9958 g となる（^{12}C の原子量は正確に 12 である）.

　　炭素の同位体は核化学の分野でも重要である. ^{14}C は半減期が 5700 年の放射性核種であり, 古代遺跡などと一緒に発掘される木材や化石などに含まれる ^{14}C の濃度を測定すれば, 遺跡の年代を推測できる. この年代決定の方法を**ラジオカーボンデーティング**あるいは**炭素 14 年代測定法**とよんでいる.

例題 3・11: ダイヤモンドとグラファイト　　　ダイヤモンドとグラファイトは同素体であって, ともに炭素原子からなる結晶である. 以下の問いに答えよ.

1) ダイヤモンドとグラファイトの構造の違いを, 原子価結合理論と分子間力に基づいて説明せよ.

2) ダイヤモンドは非常に硬い物質であるが, グラファイトは容易にへき開する. この理由を化学結合の観点から説明せよ.

　　解答　1) ダイヤモンドでは C 原子が sp^3 混成軌道を形成し, これらの混成軌道同士の重なりによって C 原子同士は共有結合を形成している. 一方, グラファイトでは C 原子が sp^2 混成軌道を形成し, これらの混成軌道同士の重なりによって, 共有結合で結びついた原子面がつくられる. これら原子面同士はファン デル

ワールス力によって引きあい，上下に積み重なった層状構造をしている．図 3・5
にそれぞれの構造を示した．

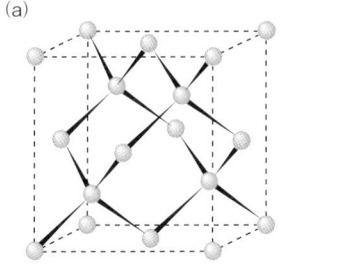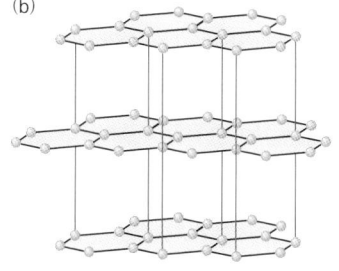

図 3・5　ダイヤモンド（a）とグラファイト（b）の結晶構造

2）1）で述べたように，ダイヤモンドではすべての原子同士が共有結合で結ばれ
ているため，ダイヤモンドは硬い．一方，グラファイトでは原子面同士がファン
デル ワールス力によって引きあっており，ファン デル ワールス力が共有結合と
比べて著しく弱いため，グラファイトは容易にへき開する．

例題 3・12: 酸化物　　つぎに示す酸化物のうち，下記の 1）〜3）に当てはま
るものをすべて列挙せよ．

B_2O_3，Cl_2O，P_4O_{10}，SO_2，SO_3，SeO_2，MnO，Mn_2O_7，ZrO_2，ReO_3，La_2O_3

1）常温・常圧で気体であり，水に溶けると水溶液は酸性を示す．

2）塩基性酸化物である．

3）室温で金属的な電気伝導性を示す．

解答　　1）Cl_2O，SO_2，2）MnO，ZrO_2，La_2O_3，3）ReO_3

解説）　1）B_2O_3，P_4O_{10}，SO_3，SeO_2，Mn_2O_7 も酸性酸化物であるが，これら
のうち Mn_2O_7 は常温・常圧で液体，他の酸化物は固体である．

2）一般に，遷移元素の酸化物は遷移元素の酸化数が大きいと酸性酸化物，酸化
数が小さいと塩基性酸化物としての性質を示す．たとえば Mn_2O_7 は酸性酸化物で
あるが，MnO は塩基性酸化物に分類される．

3）酸化物結晶のなかには金属と同様の電気伝導性を示すものがある．すなわち，
絶縁体や半導体とは異なり，電気伝導率が低温になるほど大きくなる．ReO_3 は比
較的広い温度範囲で金属的な電気伝導を示す酸化物結晶であり，室温での電気伝導
率は 10^7 S m^{-1} に達する．

例題 3・13: ケイ酸塩鉱物の構造　　　地殻の大半を構成するケイ酸塩鉱物の構造について，その特徴を簡潔に述べよ．

　解答　　ケイ酸塩鉱物は Si 原子と 4 個の O 原子が共有結合してつくられた正四面体を基本単位として，SiO_4 正四面体の頂点にある O 原子を共有して連結することで，鎖状，環状，層状，三次元の構造を形成している．SiO_4 は陰イオンとして存在し，その正四面体骨格のすき間に陽イオンが位置する．

　解説　　図 3・6 にいくつかのケイ酸塩イオンの構造を示した．SiO_4 正四面体間の結合は O 原子が外れて連結するため，結合の数が増えるほど酸素の割合が減少する．SiO_4 正四面体が独立して存在するほか，O 原子 2 個を共有して連結すると鎖状や環状，O 原子 3 個の場合は二重鎖や層状，O 原子 4 個の場合は三次元の構造を形成する．

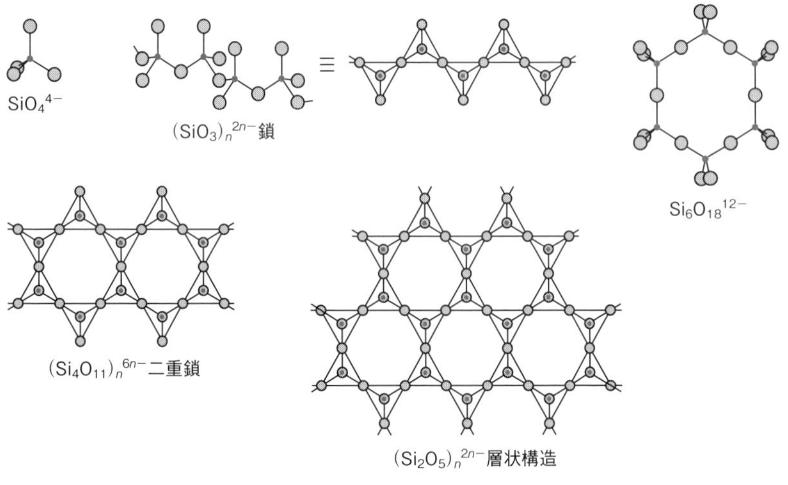

$SiO_4{}^{4-}$

$(SiO_3)_n{}^{2n-}$鎖

$Si_6O_{18}{}^{12-}$

$(Si_4O_{11})_n{}^{6n-}$二重鎖

$(Si_2O_5)_n{}^{2n-}$層状構造

図 3・6　いくつかのケイ酸イオンの構造

例題 3・14: ハロゲンの単体　　　ハロゲンの単体と水との反応について，つぎの問いに答えよ．

　1）フッ素と水との反応を，反応式を用いて説明せよ．

　2）塩素が水と反応して生じるオキソ酸について，反応式を用いて説明せよ．

　3）臭素と水の反応で生じるオキソ酸は何か．また，このオキソ酸の塩基性水溶液中での反応を説明せよ．

4) ヨウ素は水に溶けにくいが，ヨウ化カリウム水溶液にはよく溶ける．理由を述べよ．

　解答　1) フッ素は水と激しく反応してフッ化水素と酸素を生じる．反応式はづきのようになる．

$$2F_2 + 2H_2O \longrightarrow 4HF + O_2 \qquad (3 \cdot 5)$$

　2) 塩素は水に溶けると，

$$Cl_2 + H_2O \rightleftharpoons HCl + HClO \qquad (3 \cdot 6)$$

のように次亜塩素酸と平衡状態で存在する．次亜塩素酸は，

$$2HClO \longrightarrow 2HCl + O_2 \qquad (3 \cdot 7)$$

のように反応して徐々に酸素を発生する．

　3) 臭素は塩素と同じく，水に溶けると次亜臭素酸を生成し，

$$Br_2 + H_2O \rightleftharpoons HBr + HBrO \qquad (3 \cdot 8)$$

の平衡が成り立つ．次亜臭素酸イオンは塩基性水溶液中で不均化反応を起こして，臭素酸イオンを生成する．この反応は，

$$3BrO^- \longrightarrow 2Br^- + BrO_3^- \qquad (3 \cdot 9)$$

である．

　4) ヨウ素とヨウ化物イオンとの間には，つぎのような平衡が存在する．

$$I_2 + I^- \rightleftharpoons I_3^- \qquad (3 \cdot 10)$$

したがって，ヨウ化カリウム水溶液中ではヨウ素は I_3^- となって水に溶ける．

例題 3・15: アンモニア・硝酸・硫酸　　実用的な無機化合物であるアンモニア，硝酸，硫酸を工業的に製造する方法を説明せよ．

　解答　**アンモニア**：高温・高圧下で Fe_3O_4 などの触媒を用いて H_2 と N_2 を反応させると得られる．工業的には H_2 は石油のクラッキングから，N_2 は空気の分留によってつくられる．反応式は，

$$3H_2 + N_2 \longrightarrow 2NH_3 \qquad (3 \cdot 11)$$

である．この方法は**ハーバー-ボッシュ法**とよばれる．

　硝酸：アンモニアを酸化して一酸化窒素 NO に変えたあと，これを空気で酸化して二酸化窒素 NO_2 をつくる．NO_2 を水に溶かすと硝酸が得られる．各段階における化学反応はつぎのようになる．

　アンモニアの酸化：$4NH_3 + 5O_2 \longrightarrow 4NO + 6H_2O \qquad (3 \cdot 12)$

　NO の酸化：$2NO + O_2 \longrightarrow 2NO_2 \qquad (3 \cdot 13)$

NO_2 と水との反応：$3NO_2 + H_2O \longrightarrow 2HNO_3 + NO$ （3・14）

この方法は**オストワルト法**とよばれる.

　硫酸：硫黄あるいは黄鉄鉱を酸化すると，SO_2 が生じる. V_2O_5 を触媒として SO_2 と O_2 を反応させると，SO_3 が得られる. SO_3 と水との反応で硫酸が生成する. 各過程の化学反応はつぎのように進む. この方法は**接触法**とよばれる.

SO_2 の生成：$S + O_2 \longrightarrow SO_2$ （3・15）

$4FeS_2 + 11O_2 \longrightarrow 2Fe_2O_3 + 8SO_2$ （3・16）

SO_2 の酸化：$2SO_2 + O_2 \longrightarrow 2SO_3$ （3・17）

SO_3 と水との反応：$SO_3 + H_2O \longrightarrow H_2SO_4$ （3・18）

例題 3・16：14 族元素の単体　　14 族元素の単体の示す電気伝導性が，原子番号とともにどのように変化するか述べよ.

　解答　　14 族元素は原子番号の小さいものから順に，炭素，ケイ素，ゲルマニウム，スズ，鉛であり，炭素の単体の一つであるダイヤモンドは電気的に絶縁体であるが，ケイ素とゲルマニウムは半導体，スズと鉛は金属の性質を示す. また，炭素の別の同素体であるグラファイトは半金属の性質を示す.

　解説　　室温での電気伝導率はケイ素が $4.3 \times 10^{-4}\,S\,m^{-1}$，ゲルマニウムが $2.2\,S\,m^{-1}$ であって，原子番号の大きいゲルマニウムの方が高い電気伝導率をもつ. スズは 13.2 °C を境に結晶構造が変わり，低温相（α-スズ）はダイヤモンド型構造（立方晶）をもち，高温相（β-スズ）は正方晶系の結晶であって，β-スズは電気伝導の観点からは金属である.

例題 3・17：リンと硫黄のオキソ酸　　リンと硫黄のオキソ酸に関してつぎの問いに答えよ.

　1) リンのオキソ酸であるリン酸（オルトリン酸），ホスホン酸，ホスフィン酸，三リン酸，トリメタリン酸の分子構造を模式的に描け.

　2) 硫黄のオキソ酸である亜硫酸，硫酸，チオ硫酸，ジチオン酸，トリチオン酸，ペルオキシ硫酸，ペルオキシ二硫酸の分子構造を模式的に描け.

　解答　　1) 図 3・7 参照. 2) 図 3・8 参照.

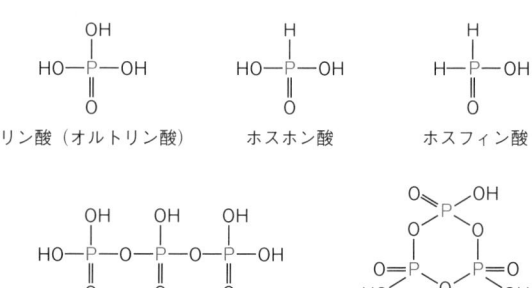

図 3・7　リンのオキソ酸の構造

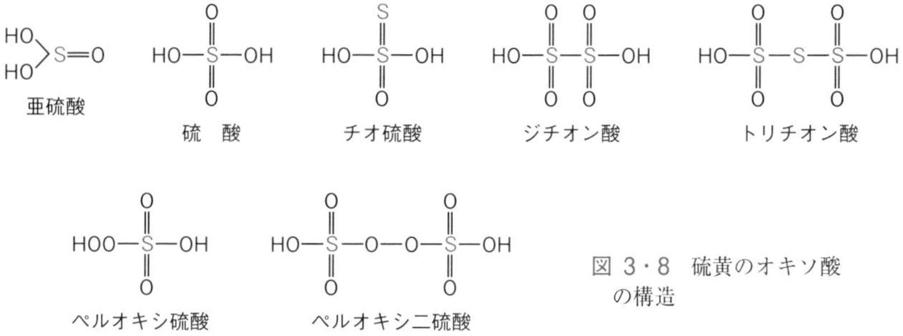

図 3・8　硫黄のオキソ酸の構造

解説　　リン酸（オルトリン酸）は常温・常圧では結晶で，潮解性を示し，水に溶解すると三塩基酸となる．ホスホン酸はリン酸の OH 基の一つが H と置き換わったものである．また，ホスフィン酸はホスホン酸の OH 基がさらに H と置き換わったもので，一塩基酸であり，強い還元性を示す．ホスホン酸とホスフィン酸も常温・常圧では固体であり，潮解性を示す．

三リン酸は 3 分子のリン酸が縮合重合して鎖状に結合した形をしている．一方，トリメタリン酸は 3 分子のリン酸が環状に結合した形の分子構造をもつ．これらは縮合リン酸とよばれるものの一種である．

亜硫酸は H_2SO_3 の化学式で表され，SO_2 を水に溶かせば生成するはずであるが，不安定なために H_2SO_3 分子の形では存在しない．

硫酸は工業的にも重要な酸の一つであり，接触法によって製造されている（例題3・15 参照）．硫酸が水に溶けると水溶液中には H_2SO_4，HSO_4^-，SO_4^{2-} が生じ，これらが H^+ と平衡状態になる．濃硫酸は強力な脱水剤である．また，熱濃硫酸は

酸化力をもつ.

　チオ硫酸は亜硫酸に硫黄を加えて煮沸すると生成する.　チオ硫酸塩の一つである
チオ硫酸ナトリウムの水溶液はハロゲン化銀を溶解するので,　写真の定着に利用さ
れる.

　ジチオン酸とトリチオン酸はよく似た構造をもつが,　前者には硫黄原子のみと結
合している硫黄原子が存在しないのに対し,　後者にはそれが存在する.　トリチオン
酸における硫黄原子の数が増えるとテトラチオン酸やペンタチオン酸となる.　これ
らはポリチオン酸の一種であり,　一般式は $H_2S_nO_6$ $(n \geqq 3)$ で表される.　また,　ポ
リチオン酸は不安定である.

　ペルオキシ硫酸とペルオキシ二硫酸はペルオキソ酸の一種であり,　特にペルオキ
シ二硫酸は強い酸化剤で,　Mn^{2+} を過マンガン酸イオン MnO_4^- に酸化する.

例題 3・18: 五塩化リンの結合　　　PCl_5 分子を構成する化学結合を 3 中心 4
電子結合の概念に基づいて説明せよ.

　解答　　図 3・9 に示すように PCl_5 は三方両錐形をとり,　リン原子の三つの sp^2
混成軌道が三角形面内の 3 個の塩素原子との通常の共有結合に使われ,　残りの混成
していない p 軌道に上下から 2 個の塩素原子が **3 中心 4 電子結合** によって結ばれ
ている.　この場合,　3 個の原子からなる分子軌道を 4 個の電子が占めていることで
安定化される.

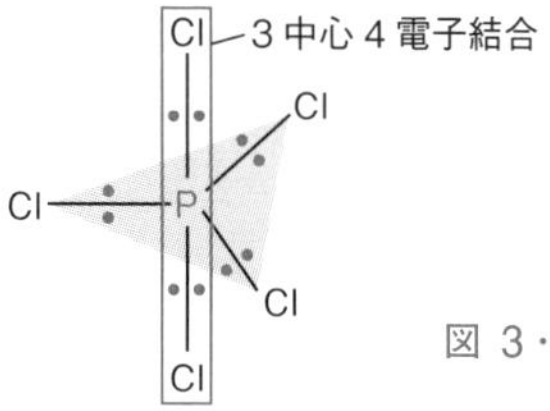

図 3・9　PCl_5 の構造

例題 3・19: 硫化水素の水溶液　　　硫化水素は水に溶けるとつぎのように 2
段階に解離し,　水溶液は弱酸性を示す.

$$H_2S \rightleftharpoons H^+ + HS^- \qquad K_1 = 9.5 \times 10^{-8} \qquad (3 \cdot 19)$$

$$HS^- \rightleftharpoons H^+ + S^{2-} \qquad K_2 = 1.3 \times 10^{-14} \qquad (3 \cdot 20)$$

それぞれの平衡定数（酸の解離定数，例題 4・5 参照）K_1, K_2 から H_2S の飽和水溶液に対して水溶液中の硫化物イオンの濃度と pH（例題 4・6 参照）の関係を導け．ただし，式中の K_1 と K_2 は 1 気圧，298 K（25 ℃）での値であり，この条件で H_2S の飽和水溶液に溶解している H_2S の濃度は 0.1 mol dm^{-3} である．

　　解答　各化学種 j の活量 $a(j)$ と濃度 $[j]$ はほぼ等しいと仮定する（例題 4・5 参照）．たとえば H^+ では $a(H^+) = [H^+]$ である．(3・19)式と (3・20)式から，

$$K_1 = \frac{a(H^+)a(HS^-)}{a(H_2S)} \approx \frac{[H^+][HS^-]}{[H_2S]} = 9.5 \times 10^{-8} \quad (3 \cdot 21)$$

$$K_2 = \frac{a(H^+)a(S^{2-})}{a(HS^-)} \approx \frac{[H^+][S^{2-}]}{[HS^-]} = 1.3 \times 10^{-14} \quad (3 \cdot 22)$$

となるので，

$$H_2S \rightleftharpoons 2H^+ + S^{2-} \quad (3 \cdot 23)$$

に対する平衡定数 K は，

$$K = K_1K_2 \approx \frac{[H^+]^2[S^{2-}]}{[H_2S]} = 1.2 \times 10^{-21} \quad (3 \cdot 24)$$

である．$[H_2S] = 0.1$ mol dm^{-3} を代入して式を変形すると，

$$2\log[H^+] + \log[S^{2-}] = \log(1.2 \times 10^{-22}) \quad (3 \cdot 25)$$

となるので，硫化物イオンの濃度と pH との関係は，

$$\log[S^{2-}] = 2\,pH - 22 \quad (3 \cdot 26)$$

で表される．

　解説　さまざまな硫化物の水に対する溶解度積は表3・2のようになる．

表 3・2　室温における硫化物の水に対する溶解度積

硫化物	溶解度積	硫化物	溶解度積
Ag$_2$S	$10^{-50.3}$	SnS	10^{-26}
Bi$_2$S$_3$	$10^{-71.8}$	FeS	$10^{-18.4}$
HgS	$10^{-53.8}$	CoS	$10^{-21.3}$
CuS	$10^{-36.1}$	NiS	$10^{-20.5}$
PbS	$10^{-28.2}$	ZnS	10^{-20}
CdS	10^{-28}	MnS	$10^{-15.2}$

（3・26)式からわかるように，溶液の pH が大きくなるほど硫化物イオンの濃度は高くなり，沈殿の量は増す．逆にいえば，酸性の溶液では溶解度積の小さい硫化物でなければ沈殿しない．たとえば CuS，CdS，PbS，Bi$_2$S$_3$ などは酸性溶液からも

沈殿するが，MnS，CoS，NiS，ZnS などはアルカリ性の溶液でないと沈殿しない．
このような性質は陽イオンの分離に利用される．

例題 3・20: 不活性電子対効果　　つぎの文中の空欄に当てはまる電子配置，
数字，イオンを答えよ．

13 族，14 族，15 族に属する原子は，最外殻の電子配置がそれぞれ，ns^2np^1,
[ア]，[イ] であり，原子番号が小さい原子の場合，13 族では 3 価，14 族では
[ウ] 価，15 族では [エ] 価が安定である．たとえば B や Al は 3 価の状態が安定
であり，C，Si，Ge では [オ] 価が最も一般的な状態である．これに対し，原子
番号の大きい Tl ではむしろ Tl^+ が，Pb では [カ] が，Bi では [キ] がそれぞれ
安定なイオンであり，これらのイオンはいずれも最外殻の電子配置が [ク] とな
る．この現象を**不活性電子対効果**という．

　解答　　ア：ns^2np^2，イ：ns^2np^3，ウ：4，エ：5，オ：4，カ：Pb^{2+}，キ：Bi^{3+},
ク：$6s^2$

解説　　14 族を例にとると，原子番号の最も小さい C では 2s 軌道と 2p 軌道
から sp^3 混成軌道や sp^2 混成軌道がつくられ，これらが結合に寄与すると解釈され
る．混成軌道をつくるためには s 軌道の電子が p 軌道に励起される必要がある．励
起のためのエネルギーが C 原子と他の原子との結合形成によるエネルギーの低下
分より小さいため，混成軌道をつくって化学結合を形成する方が有利である．この
ため C の価数は 4 である．（四つの sp^3 混成軌道によって四つの σ 結合を形成し，
三つの sp^2 混成軌道によって三つの σ 結合を，残りの p_z 軌道によって一つの π 結
合を形成する．）一方，大きい原子では他の原子との結合力が弱くなるので，混成
軌道の生成によるエネルギーの上昇分を化学結合の形成によるエネルギーの低下分
でまかなえない．このため，たとえば Pb では 6s 軌道と 6p 軌道とから混成軌道を
つくる代わりに最外殻の 6p 軌道にある電子を放出して Pb^{2+} の状態でいる方が安
定である．

例題 3・21: 遷移元素　　原子番号が 21 から 79 までの遷移元素のうち，つぎ
の記述に当てはまる元素を答えよ．

　1）安定な同位体が存在しない．

2) 白金族元素とよばれる.

3) 単体の融点が, 対象としている遷移金属のなかで最も高い.

4) 単体の室温での電気伝導率が, 金属の単体のなかで最も高い.

5) 単体の超伝導転移温度が, あらゆる元素のなかで最も高い.

6) ビタミン B$_{12}$ に含まれる.

7) ヘモグロビンに含まれる.

解答　　1) Tc, Pm, 2) Ru, Rh, Pd, Os, Ir, Pt, 3) W, 4) Ag, 5) Nb, 6) Co, 7) Fe

解説　　テクネチウムとプロメチウムには安定な核種が存在しない. テクネチウムは人工的につくられた最初の元素である. 原子番号を 21 から 79 までに限らなければ, アクチノイドや貴ガスのなかにも安定な同位体をもたない元素が存在する. 白金族元素はいずれも遷移元素である. これらは化学的に不活性なものが多い. たとえば, ロジウム, イリジウム, 白金の単体は高温でも酸化物などの融液と反応することが少ないので, 高温用るつぼの原料となる.

遷移金属はおおむね融点が高い. そのなかでも, タンタル, タングステン, レニウム, オスミウムは 3000 ℃ 前後の高い融点をもつ. また, 遷移金属はいずれも高い電気伝導率を示すが, 特に, 銀は室温での電気伝導率が $6.3 \times 10^7 \, \mathrm{S \, m^{-1}}$ と金属のなかで最大である. 銅 ($6.0 \times 10^7 \, \mathrm{S \, m^{-1}}$) および金 ($4.3 \times 10^7 \, \mathrm{S \, m^{-1}}$) も高い電気伝導率をもつ. さらに, 一部の遷移金属は低温で超伝導体に転移し, その転移温度 (臨界温度) としてはニオブの 9.25 K があらゆる単体中で最高である.

遷移元素は生体内にも含まれ, 生体の機能発現などに重要な役割を演じる. ビタミン B$_{12}$ はコバラミンとよばれる一連の錯体の一種で, Co^{3+} を含んでいる. コバ

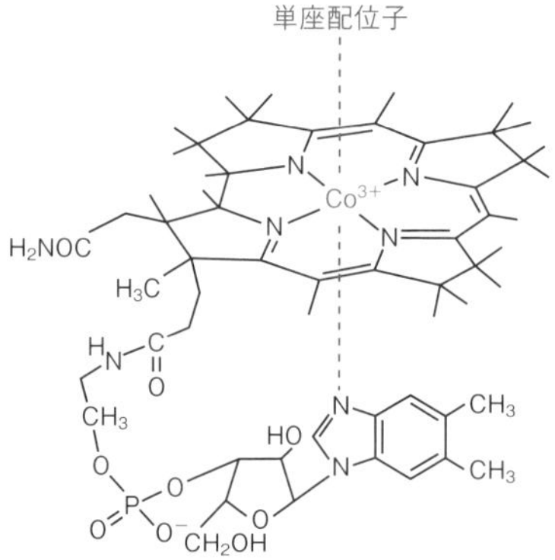

図 3・10　コバラミンの構造. ビタミン B$_{12}$ は狭義には単座配位子が CN$^-$ であるシアノコバラミンを指す.

ラミンの構造を図 3・10 に示す．Co^{3+} にはコリン環の四つの N 原子が平面四角形の形で配位し，この平面に垂直な方向からベンズイミダゾールの N 原子と別の単座配位子（例題 5・2 参照）が結合して，Co^{3+} の配位数は 6 となる．ビタミン B$_{12}$ は狭義には単座配位子として CN^- が結合したシアノコバラミンを指す．ビタミンの多くは，酵素反応を活性化する補酵素の前駆体としてはたらく．ビタミン B$_{12}$ は一部の微生物でしか合成されず，ヒトは動物由来の食物から摂取しており，欠乏すると悪性貧血になる．

　また，ヒトの赤血球に含まれるヘモグロビンは，Fe^{2+} にポルフィリンが配位した錯体であるヘムとタンパク質部分であるグロビンからなる，2 種類のサブユニットを二つずつもち，肺から全身への酸素運搬の役割を担う（発展問題 3・3 参照）．また，ヘモグロビンの分子量は約 64,500 である．

例題 3・22: 遷移元素の酸化数と化合物　　つぎの化合物に含まれる遷移元素の酸化数を記せ．

a) $[Cr(CO)_5]^{2-}$, b) $Na[Co(CO)_4]$, c) $V_{10}O_{28}{}^{6-}$, d) $K_2[Pt(CN)_4]\cdot 3H_2O$,

e) $(NH_4)_2Fe(SO_4)_2\cdot 6H_2O$, f) $KMnO_4$, g) $BaTiO_3$, h) CrO_2

解答　　a) -2, b) -1, c) $+5$, d) $+2$, e) $+2$, f) $+7$, g) $+4$, h) $+4$

解説　　遷移元素は非常に多くの酸化数をもつ．$[Cr(CO)_5]^{2-}$ や $Na[Co(CO)_4]$ のようなカルボニル錯体では遷移元素の酸化数は小さく，負の値をとることもある．たとえば $[Cr(CO)_5]^{2-}$ ではカルボニル基 CO の酸化数は 0 であるから，Cr の酸化数は -2 となる．

　$V_{10}O_{28}{}^{6-}$（十バナジン酸イオン）では V の酸化数は $+5$ である．$V_{10}O_{28}{}^{6-}$ の模式的な構造を図 3・11 に示す．このイオンのように，同じ元素のオキソ酸あるいはハ

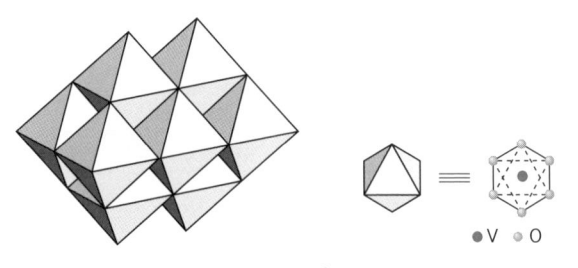

●V　○O

図 3・11　$V_{10}O_{28}{}^{6-}$ の構造

ロゲノ酸が互いに結合して大きな陰イオンとなっているものを**イソポリ酸イオン**という．このようなイオンは他の遷移元素においても見られる．$Nb_6O_{19}^{8-}$, $Ta_6O_{19}^{8-}$, $Mo_7O_{24}^{6-}$（パラモリブデン酸イオン），$Mo_8O_{26}^{4-}$（メタモリブデン酸イオン）などがその例である．一方，種類の異なる元素のオキソ酸が互いに結合してつくられる陰イオンも存在する．これらは**ヘテロポリ酸イオン**とよばれ，$[TeMo_6O_{24}]^{6-}$, $[PW_{12}O_{40}]^{3-}$ などがその例で，構造中で多数を占める Mo や W のような原子をポリ原子，Te や P のような少数の原子をヘテロ原子という．ポリ原子には Mo, W のほか V や Nb などがある．また，P, Te のほか，Si, As, Ge などがヘテロ原子として知られている．

$K_2[Pt(CN)_4]\cdot 3H_2O$（KCP と略記する）も特徴的な遷移金属化合物の一つであり，図 3・12 に示すように CN^- が平面四角形の構造をつくって Pt(Ⅱ) に配位し，Pt 原子は $5d_{z^2}$ 軌道を介して互いに直接結合して 1 次元的な構造の分子を形成する．これに少量の臭素が加えられた化合物では，1 次元的な構造に沿って高い電気伝導率が観察される．

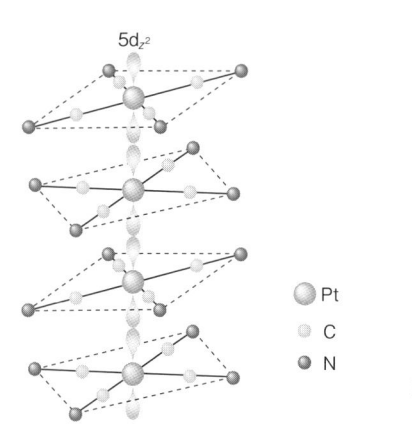

$5d_{z^2}$

○ Pt
○ C
● N

図 3・12　$K_2[Pt(CN)_4]\cdot 3H_2O$

硫酸第一鉄アンモニウム $(NH_4)_2Fe(SO_4)_2\cdot 6H_2O$ は Fe^{2+} を含む代表的な化合物で，モール塩ともよばれる．この化合物は固体の磁化率など磁性を測定するための標準物質として用いられるほか，酸化還元を利用した定量分析の標準溶液のための塩として使用される．過マンガン酸カリウム $KMnO_4$ は強い酸化力をもち，酸化還元滴定の標準物質として利用される．チタン酸バリウム $BaTiO_3$ は典型的な強誘電体の結晶であり，誘電率が大きいためコンデンサーとして実用化されている．CrO_2 は強磁性体である．結晶の電気的性質や磁気的性質については 6 章を参照のこと．

例題 3・23: ランタノイド収縮　　ランタノイド収縮とは何か. また, なぜこのような現象が起こるか説明せよ.

　　解答　　ランタノイドの原子半径とイオン半径は原子番号が大きくなるほど小さくなる傾向がある. これを**ランタノイド収縮**という. ランタノイドにおいて原子番号が増加すると原子核の正電荷と 4f 電子の数がともに増えるが, 4f 電子は内殻に存在するため数が増えても原子半径には影響を及ぼさない. このため原子核の正電荷が最外殻電子を引き寄せる効果の方が大きくなり, 原子番号の増加にともない原子半径とイオン半径は減少する傾向を示す.

例題 3・24: アクチノイド元素と核化学　　^{235}U と ^{238}U の核分裂反応の特徴を述べよ.

　　解答　　^{235}U に熱中性子をぶつけると誘導核分裂が起こる. この反応によりウラン原子 1 個あたり約 200 MeV のエネルギーが放出される. 一方, ^{238}U は自発核分裂を起こす. 同時に, ^{238}U に速中性子を衝突させると誘導核分裂が起こる.

　　解説　　アクチノイドの原子核には核分裂反応を起こすものが多い. 核分裂反応のうち, 反応が自然に起こるものを**自発核分裂**, 外部からエネルギーが与えられてはじめて進行するものを**誘導核分裂**とよぶ. 自発核分裂は, ^{238}U, ^{244}Cm, ^{252}Cf, ^{254}Fm などの核種で見られる. ^{252}Cf は自発核分裂により, 1 g あたり毎秒 2.3×10^{12} 個の大量の中性子を放出する. 誘導核分裂では原子核に衝突する中性子, 陽子, 光子（γ 線）, ^4He（α 線）などが核分裂反応のエネルギー源となる. ^{232}U, ^{233}U, ^{235}U, ^{239}Pu, ^{241}Am, ^{242}Am などでは熱中性子との衝突で核分裂が始まる. 熱中性子とは, 室温程度の熱エネルギー（0.025 eV）をもつ中性子である. また, ^{232}Th, ^{231}Pa, ^{238}U では速中性子（熱中性子よりエネルギーの大きい中性子）が核分裂反応を引き起こす. ^{235}U と熱中性子との反応で得られるウラン原子 1 個あたりのエネルギー（約 200 MeV）は, 一般的な化学結合力の $10^7 \sim 10^8$ 倍に相当する. よく知られているように, このエネルギーは原子力発電として利用されている.

例題 3・25: 有機金属化合物　　有機金属化合物に関してつぎの問いに答えよ.

　1) 有機金属化合物の定義を述べよ.

2）［Pt(C_2H_4)Cl_3］⁻はオレフィン（アルケン）錯体の一種である．白金原子とエテン（エチレン）分子の化学結合について説明せよ．

3）Sn(C_5H_5)$_2$におけるスズ原子とシクロペンタジエニル基との化学結合について説明せよ．

　解答　　1）金属原子（厳密にはメタロイド原子も含む）と有機分子あるいは基の炭素原子とが化学結合を形成して生じる化合物である．

　2）エテンの二つの炭素原子が白金原子に配位し，エテンの π 電子が結合に寄与する．

　3）シクロペンタジエニル基の一つの炭素原子がスズ原子と σ 結合を形成する．

解説　　　有機金属化合物の具体例を表 3・3 にまとめる．カルボニル錯体では一酸化炭素（CO）分子の C 原子が金属原子と σ 結合ならびに π 結合を介して結合

表 3・3　有機金属化合物の例

1) カルボニル錯体
   $Cr(CO)_6$，$Fe(CO)_5$，$Ni(CO)_4$，$Mn_2(CO)_{10}$ など
2) アルキル錯体
   CH_3Li，C_2H_5MgBr など
3) オレフィン（アルケン）錯体
   K［Pt(C_2H_4)Cl_3］・$2H_2O$，$Fe(CO)_4$(C_2H_4) など
4) アリル錯体
   $Ni(C_3H_5)_2$，$Cr(C_3H_5)_3$，$Co(CO)_3$(C_3H_5) など
5) シクロペンタジエニル錯体（メタロセンを除く）
   $Si(C_5H_5)(CH_3)_2$，$Sn(C_5H_5)_2$，PbC_5H_5 など
6) メタロセン
   $Fe(C_5H_5)_2$，$Ru(C_5H_5)_2$ など

している．アルキル錯体はアルキル基の炭素原子と金属原子が結合した分子であり，有機合成の触媒として有名なグリニャール試薬の一種である C_2H_5MgBr などがその例としてあげられる．オレフィン（アルケン）錯体のうち，エテン分子が配位子となるものはエテンの二つの炭素原子が金属に配位する．金属と結合する炭素原子の数を**ハプト数**という．エテンではハプト数は 2 であり，これをジハプトと表現し，η^2 という記号を用いて配位子を η^2-C_2H_4 のように表す．アリル錯体ではアリル基（CH_2=$CHCH_2$−）がトリハプト（η^3）型となるが，アリル基の 1 個の炭素原子が金属と結合するモノハプト（η^1）型の錯体も存在する．$Sn(C_5H_5)_2$ はモノハプト（η^1）型の錯体であるが，メタロセンはペンタハプト（η^5）型の錯体である（例題 3・27 参照）．

例題 3・26: 有機ケイ素化合物　　有機ケイ素化合物を合成する一般的な方法を説明せよ.

　　解答　　ケイ素の単体と有機ハロゲン化物 RX（R はアルキル基など，X はハロゲン）との直接の反応

$$Si + RX \longrightarrow R_nSiX_{4-n} \tag{3・27}$$

ハロゲン化ケイ素化合物 R_3SiX とグリニャール試薬 $R'MgX$（R' はアルキル基やアリール基）との反応

$$R_3SiX + R'MgX \longrightarrow R_3SiR' + MgX_2 \tag{3・28}$$

ハロゲン化ケイ素化合物と有機リチウム化合物との反応

$$R_3SiX + R'Li \longrightarrow R_3SiR' + LiX \tag{3・29}$$

などがある.

　　解説　　有機ケイ素化合物は炭素-ケイ素結合をもつ有機化合物の総称である. 最初に合成された有機ケイ素化合物はテトラエチルシランで，つぎの反応が用いられた.

$$SiCl_4 + 2Zn(C_2H_5)_2 \longrightarrow Si(C_2H_5)_4 + 2ZnCl_2$$

　有機ケイ素化合物中のケイ素原子は炭素原子と同様 4 価であり，sp^3 混成軌道を形成して四面体形構造をとる.

　有機ケイ素化合物の Si–C 結合は，Al–C 結合などに比べて加水分解や空気酸化を受けにくい. このため有機ケイ素化合物の一つである R_3SiX が水と反応すると，極性の大きい Si–X が水分子と反応してシラノール R_3SiOH を生成する. 2 個のシラノール分子が縮合を起こすと，$R_3SiOSiR_3$ が生じる. このような Si–O–Si 結合を含む化合物は**シロキサン**と総称される. なかでも Si–O–Si 結合が繰返された構造をもつ高分子化合物は**ポリシロキサン**とよばれ，特にアルキル基やアリール基を含むものを**シリコーン**という. これはシリコーンゴムやシリコーン樹脂として実用化されている.

例題 3・27: 特徴的な無機化合物　　つぎの化合物について簡潔に説明せよ.
a）ウィルキンソン錯体，b）フェロセン，c）ポリチアジル，d）ホスファゼン，
e）サレン錯体

　　解答　　a）クロリドトリス(トリフェニルホスフィン)ロジウム(I) $[RhCl(PPh_3)_3]$ の別名で，構造は図 3・13 に示すような平面四角形である. オレフィンやエチン（アセチレン）の水素化反応の触媒として利用される.

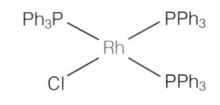

図 3・13　ウィルキンソン錯体

　b) 有機金属化合物の一つであり, 図 3・14 のように, 二つのシクロペンタジエニル環が鉄原子をサンドイッチのように挟み込む形で錯体を形成した分子を**フェロセン**という.

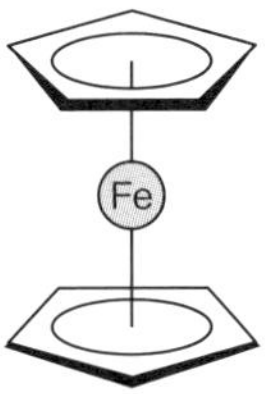

図 3・14　フェロセンの構造

　c) 硫黄原子と窒素原子が図 3・15 のように交互に結合してつくられる無機高分子の一種で, 化学式では $(SN)_x$ と書かれる. $(SN)_x$ 鎖は規則正しく配列して結晶を形成する. この結晶は金属的な電気伝導性を示し, 極低温では超伝導体に相転移する.

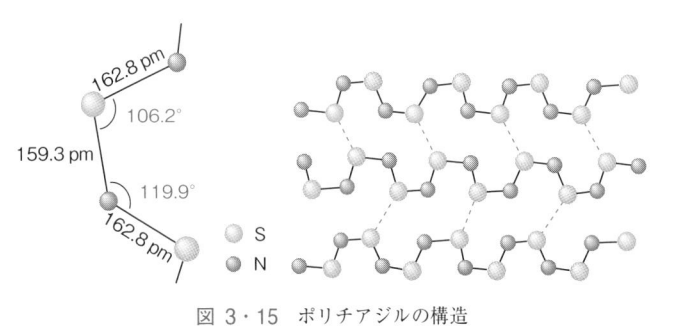

図 3・15　ポリチアジルの構造

　d) $-PR_2=N-$ (R はハロゲン, アルキル基, フェニル基など) のようにリンと窒素が二重結合した化学結合をもつ一連の化合物を**ホスファゼン**という.

　e) サレンはサリチルアルデヒドとエチレンジアミンが結合した塩基であり, これが Co^{2+} に配位した化合物を**サレン錯体**という. 図 3・16(a) に示すように平面四角形の構造の配位結合が見られる. 酸素担体や触媒として利用される.

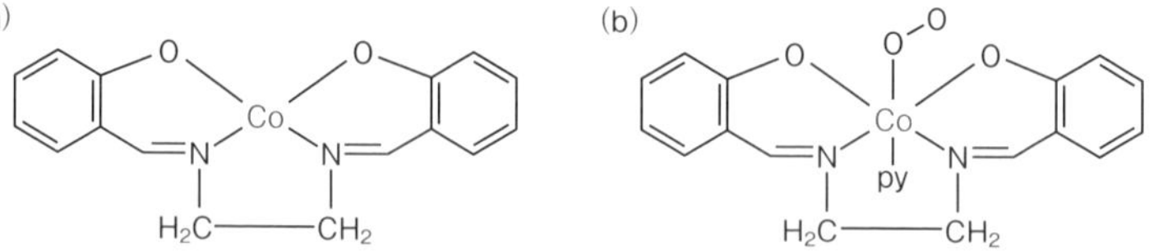

(a)　　　　　　　　　　　　　　　　　(b)

図 3・16 （a）サレン錯体の構造，（b）サレン錯体にピリジン py と O_2 が配位した分子

解説　　　　クロリドトリス（トリフェニルホスフィン）ロジウム（I）のような錯体の命名法については例題 5・3 を参照されたい．

　フェロセンと同じように遷移金属原子が二つのシクロペンタジエニル環に挟まれた錯体は**メタロセン**とよばれる．中心金属となる遷移元素には，Fe のほか，V，Cr，Co，Ni，Ru，Os がある．フェロセンは $FeCl_2$ とシクロペンタジエンの反応

$$FeCl_2 + 2C_5H_6 + 2(C_2H_5)_2NH \longrightarrow Fe(C_5H_5)_2 + 2(C_2H_5)_2NH_2Cl \quad (3・30)$$

で生成する．フェロセンは熱的，化学的に安定な分子であり，空気や水とは反応しない．

　ポリチアジルの電気伝導率は，鎖方向に対して $4 \times 10^5\,\mathrm{S\,m^{-1}}$ である．また，臨界温度を $T_c = 0.26\,\mathrm{K}$ にもつ超伝導体である．ポリチアジルの結晶は，常温・常圧で結晶である二硫化二窒素（N_2S_2）を昇華させ，蒸気をガラス基板などに堆積することによって作製できる．N_2S_2 は四硫化四窒素（N_4S_4）の熱分解によって生じる．N_4S_4 も常温・常圧では結晶である．N_4S_4 分子は図 3・17 のような構造をもち，図の破線で示したように環を構成する硫黄原子間に弱い結合が生じている．

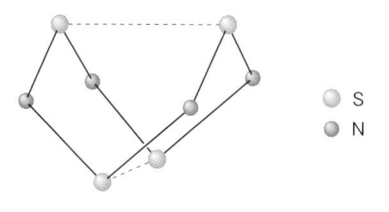

○ S
● N

図 3・17　N_4S_4 分子の構造

　ホスファゼンの中には $(Cl_2PN)_n$（$n = 3, 4$）のような環状構造をもつ分子もある．これを**シクロホスファゼン**という．これは PCl_5 と NH_4Cl を混合して加熱すると得られる．$n = 3$ の分子の構造を描くと図 3・18 のようになる．リンに結合している塩素は，他のハロゲン，水素，メチル基などで置換できる．また，$-PR_2=N-$ が繰返される構造をもつ高分子も存在し，**ポリホスファゼン**とよばれる．

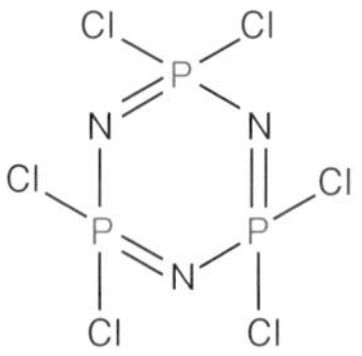

図 3・18　シクロホスファゼンの一種である $(Cl_2PN)_3$ の構造

　サレン錯体では平面四角形の配位構造において一つの面から Co^{2+} にピリジンなどが結合すると，その逆方向から酸素分子が配位できる（図 3・16(b) 参照）．配位した酸素分子は可逆的に結合を切って出ていくことができるので，サレン錯体は酸素担体や触媒となる．

練 習 問 題

　3・1　水素ガスを実験室レベルで発生させる方法を述べよ．また，工業的に製造する方法を述べよ．

　3・2　H_2O について，以下の問いに答えよ．

　1）氷や水に水素結合が存在するために見られる性質の特徴を述べよ．

　2）常圧，0 ℃ で安定に存在する氷は隙間の多い開放的な構造をとる．その理由を水分子により形成される基本的な構造単位と関連づけて説明せよ．

　3・3　貴ガスならびにアルカリ金属が含まれる包接化合物の例をそれぞれあげよ．

　3・4　アルカリ金属が液体アンモニアに溶解すると，アルカリ金属の種類にかかわらず溶液は青色を呈する．理由を述べよ．

　3・5　Li と Mg を例にとり，対角関係を説明せよ．

　3・6　ベリリウムは他のアルカリ土類金属と比べて特異な性質を示すことが多い．つぎの事項に関連させて，アルカリ土類金属におけるベリリウムの特異性を説明せよ．

　1）水酸化物の酸・塩基としての性質

　2）酸化物の結晶構造

　3・7　アルカリ土類金属の炭酸塩は加熱すると，つぎのように分解する．

$$MCO_3 \longrightarrow MO + CO_2$$

ここで，M はアルカリ土類金属を表す．熱分解の温度はアルカリ土類金属の原子番号が大きいほど高くなる．熱分解反応にともなうイオン間の化学結合力の変化に

基づいて，この事実を説明せよ．

3・8 図は，クロソ型ボランの一種である $closo\text{-}[B_6H_6]^{2-}$ の構造である．この構造から一つの BH 基を除き，いくつかの水素原子を加えたうえで電気的に中性の分子にすると，ニド型のボランの構造となる．また，さらに BH 基を一つ除いていくつかの水素原子を加えると，アラクノ型のボランの構造が得られる．これら 2 種類のボランの構造を模式的に描け．

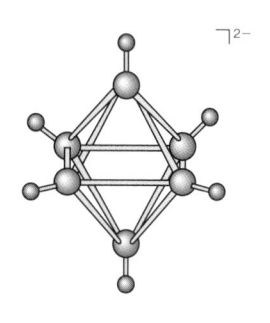

3・9 炭素の同位体に関するつぎの問いに答えよ．

1) 炭素には，$^{12}_{6}C$ と $^{13}_{6}C$ の 2 種類の安定同位体がある．炭素の原子量を計算せよ．ただし，その存在比をそれぞれ 98.93 % と 1.07 % とし，$^{12}_{6}C$ の質量を 12.000 u，$^{13}_{6}C$ の質量を 13.003 u とする．ここで，u は統一原子質量単位である．

2) 天然に存在する炭素の放射性同位体 $^{14}_{6}C$ は，β^- 粒子（すなわち，電子）を失いながら自発的に $^{14}_{7}N$ に変化する．壊変定数 λ は $3.9 \times 10^{-12}\,\mathrm{s}^{-1}$ である．半減期 $t_{1/2}$ を求めよ．

3・10 つぎの炭化物を，塩類似炭化物，侵入型炭化物，共有性炭化物に分類せよ．

     B_4C, Na_2C_2, Al_4C_3, SiC, CaC_2, Cr_3C_2, FeC_3, ZnC_2

3・11 グラファイトが層間化合物を生成しやすい理由を，グラファイトの構造上の特徴に基づいて説明せよ．また，アルカリ金属のような陽イオンが安定な元素も，ハロゲンのような陰イオンが安定な元素も，ともにグラファイトと容易に層間化合物をつくる．この理由を述べよ．

3・12 アンモニア，ヒドラジン，アジ化水素の酸および塩基としての性質の違いを述べよ．

3・13 硝酸に関して，つぎの問いに答えよ．

1) 銅と希硝酸ならびに濃硝酸との反応を，反応式を用いて説明せよ．

2) 鉄は湿度の高い空気中で酸化されてさびを生じるが，濃硝酸に浸しても腐食

されない. この理由を述べよ.

3・14　アルミニウムに関して, つぎの問いに答えよ.

1) アルミニウムは両性元素である. 例をあげてこの性質を説明せよ.

2) 工業的にアルミニウムの単体を製造する方法を説明せよ.

3) アルミニウムの単体を用いて遷移金属を生成する方法を説明せよ.

4) 有機アルミニウム化合物からアート錯体が生成する. 反応の例をあげよ.

3・15　例題 3・19 の表 3・2 に示された硫化物の水に対する溶解度積の値と例題 3・19 の結果に基づいて, Bi^{3+} と Co^{2+} を含む水溶液の pH を 0.5 に調整すれば, Bi^{3+} と Co^{2+} を分離できることを示せ.

3・16　フッ素からヨウ素までのハロゲン化水素について, つぎの問いに答えよ.

1) ハロゲンの種類が変わるとハロゲン化水素の沸点はどのように変化するか. また, なぜそのような変化が見られるか.

2) 酸としての強さはハロゲンの種類に応じてどのように変わるか.

3) フッ化水素酸に特徴的な化学反応を, 例をあげて説明せよ.

3・17　12 族元素について, つぎの問いに答えよ.

1) 常温・常圧での単体の状態について説明せよ.

2) 水酸化物の酸・塩基としての性質を述べよ.

3) Zn^{2+} と Mg^{2+} とはイオン半径が近く, 化学的性質も似ているが, ZnO と MgO は結晶構造が異なる. なぜか.

4) カドミウムは原子炉の制御材として実用化されている. カドミウムのどのような性質が利用されるのか説明せよ.

5) 水銀には他の二つの元素には見られない特徴的なイオンが存在する. これについて説明せよ.

3・18　タリウムは 13 族元素であるにもかかわらず, アルカリ金属と性質がよく似ている. 具体例をあげて類似性を説明せよ.

3・19　つぎの化合物に含まれる遷移元素の酸化数を記せ.

a) $K_4[Co(CN)_4]$, b) $[TeMo_6O_{24}]^{6-}$, c) $[Mn(NO)_3(CO)]$, d) $PbCrO_4$,

e) K_3MnO_4, f) $K_2OsO_4(OH)_2$, g) $[AuCl_4]^-$, h) $[V(CO)_5]^{3-}$

3・20　有機リチウム化合物を合成する方法を説明せよ.

3・21　つぎの化合物について説明せよ.

a) バスカ錯体, b) シスプラチン, c) ボラジン, d) カルボラン,

e) プルシアンブルー, f) ヒドロキシアパタイト

4 溶 液 化 学

　溶液の化学に関し，本章で取上げるのは主として酸塩基反応，固体の液体への溶解，酸化還元反応である．

　酸塩基反応について，まずわれわれが関心をもつべきことがらは，どのような反応においてどの物質あるいは化学種を**酸**あるいは**塩基**とみなすことができるかである．酸・塩基の定義をしっかりと身につけることによって，ある反応において酸としてはたらく物質や化学種も，別の反応においては塩基として振舞いうることが理解できるであろう．すなわち，酸あるいは塩基という言葉は物質・化学種に固有のものではなく，反応する相手によって，また，反応の進行する方向によって変わりうるものであることが理解できる．つぎに，**酸の強さ**，**塩基の強さ**とは何であるか，また，それらの強さをどのようにして表現することができるかを学ぶ．酸・塩基の強さは，結局は酸塩基反応の平衡定数から導かれる**解離定数**によって定量的に表現される．さらに，これらの解離定数がわかっていれば，水溶液の pH を推定することができる．

　固体の液体への溶解について，なぜ固体が液体に溶解するか，また，どのように溶解するかは，物質科学の立場から重要なことがらである．しかしながら，そのまえに，そもそも，ある固体がある液体によく溶ける，あまり溶けないということを，定量的に表現することから始めなければならない．さらには，**溶解のしやすさの程度**を定量的に表現しうるのは，結局は溶解反応の平衡定数から導かれる**溶解度積**であること，溶解度積は（液体の種類と温度が決まっていれば）固体物質固有の値であることを学ぶ．

　酸化還元反応は，物質間・化学種間で電子をやりとりする反応である．A が B

の電子を奪うとき「AがBを酸化する」，「BがAによって酸化される」と表現するわけであるが，BがAに電子を与えているという見方をすると，「BがAを還元する」，「AがBによって還元される」と表現される．相手から電子を奪う物質・化学種を**酸化剤**，相手に電子を与える物質・化学種を**還元剤**というが，上記の酸塩基反応における酸と塩基と同様に，ある反応において酸化剤としてはたらく物質・化学種も，別の反応においては還元剤として振舞うことがあり，酸化剤あるいは還元剤という言葉は物質・化学種に固有のものではない．そこで問題となるのが，**酸化剤あるいは還元剤としての強さ（あるいは相手を酸化する能力，相手を還元する能力）とは何であるか，また，それらをどのようにして表現することができるか**である．ここで理解しなければならないのが，任意の酸化還元反応は一つの**酸化半反応と還元半反応に分けることができる**こと，そして，任意の**半反応の電位**というものが定義できることである．反応の電位というのは最初は理解するのが難しいが，**電池の起電力**を基礎としており，測定可能な物理量であることが理解できると，**任意の酸化還元反応が自発的に進行するかどうかを予測する**ための道具として実に便利なものであることがわかるはずである．そして，電池の起電力あるいは半反応の電位もまた，反応の自由エネルギーと結びついており，したがって，反応の平衡定数と結びついていることが理解できる．

例題 4・1: 理想溶液と理想希薄溶液　　ラウール（Raoult）の法則とヘンリー（Henry）の法則がどのような法則であるかを説明せよ.

　　解答　　溶液中の溶媒 A のモル分率 x_A が十分に 1 に近いとき，溶媒 A の蒸気圧 p_A はモル分率 x_A に比例する．すなわち，溶媒 A のモル分率 x_A が十分に 1 に近いとき，

$$p_A = p_A^* x_A \tag{4・1}$$

が成り立つ．ただし，ここで比例係数 p_A^* は，純溶媒 A の蒸気圧である．これが**ラウールの法則**である（図 4・1）．ラウールの法則に従う溶液を"理想溶液"という．

　　溶液中の溶質 B のモル分率 x_B が十分に小さいとき，溶質 B の蒸気圧 p_B はモル分率 x_B に比例する．すなわち，溶質 B のモル分率 x_B が十分に小さいとき，

$$p_B = k_B x_B \tag{4・2}$$

が成り立つ．ただし，ここで k_B は溶質 B の蒸気圧を x_B に対してプロットしたとき，$x_B = 0$ において蒸気圧-モル分率曲線に接するように引かれた直線の傾きであ

り，溶質と溶媒により決まる定数である．これが**ヘンリーの法則**である（図 4・2）．ヘンリーの法則に従う溶液を“理想希薄溶液”という．

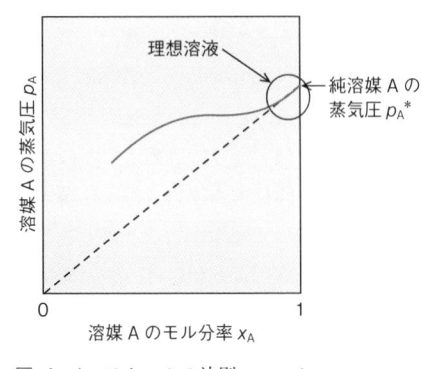

図 4・1　ラウールの法則．$x_A = 1$ 近傍で p_A が x_A に比例している

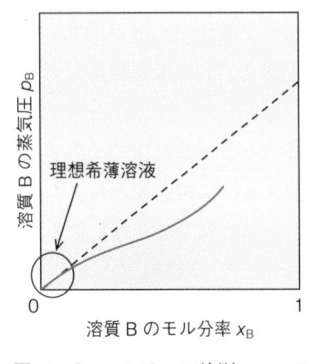

図 4・2　ヘンリーの法則．$x_B = 0$ 近傍で p_B が x_B に比例している

例題 4・2: 塩化水素と塩酸，アンモニアとアンモニア水　　塩酸とアンモニア水に関する以下の問いに答えよ．

1) 塩化水素と塩酸の違いを説明せよ．また，アンモニアとアンモニア水の違いを説明せよ．

2) 塩酸中に存在する化学種（分子，イオン）をすべて記せ．また，アンモニア水中に存在する化学種をすべて記せ．

　解答　　1) 塩化水素は化学式 HCl で表される物質であって常温・常圧で気体である．塩化水素を水に溶解させることによって得られる水溶液が塩酸である．同様に，アンモニアは化学式 NH_3 で表される物質であって常温・常圧で気体である．アンモニアを水に溶解させることによって得られる水溶液がアンモニア水である．

　2) 塩酸中では以下の二つの反応が平衡状態にある．

$$HCl(aq) + H_2O(l) \rightleftarrows H_3O^+(aq) + Cl^-(aq) \tag{4・3}$$

$$2H_2O(l) \rightleftarrows H_3O^+(aq) + OH^-(aq) \tag{4・4}$$

すなわち，塩酸中に存在する化学種は，HCl 分子，H_2O 分子，H_3O^+ イオン，Cl^- イオン，OH^- イオンである．

　同様に，アンモニア水中では以下の二つの反応が平衡状態にあり，NH_3 分子，

H_2O 分子，OH^- イオン，NH_4^+ イオン，H_3O^+ イオンが存在する．

$$NH_3(aq) + H_2O(l) \rightleftharpoons NH_4^+(aq) + OH^-(aq) \qquad (4 \cdot 5)$$

$$2H_2O(l) \rightleftharpoons H_3O^+(aq) + OH^-(aq) \qquad (4 \cdot 6)$$

例題 4・3: さまざまな酸・塩基の定義　　酸・塩基の定義に関する以下の問いに答えよ．

1）アレニウス（Arrhenius），ブレンステッド・ローリー（Brønsted-Lowry），ルイス（Lewis）による酸と塩基の定義をそれぞれ述べよ．

2）これらの定義を，提唱された年代順に並べよ．

3）これらの定義に従った場合，どのようにして HCl が酸，NH_3 が塩基とみなされるかを説明せよ．

4）ルイスによる定義には，他の二つの定義にはない特徴がある．それはどのような特徴であるかを具体例をあげて説明せよ．

　解答　　1）**アレニウスによる定義**では H^+（プロトン）を相手に与える化学種が酸，OH^-（水酸化物イオン）を相手に与える化学種が塩基である．**ブレンステッド・ローリーによる定義**では，H^+ を相手に与える化学種が酸，H^+ を相手から受け取る化学種が塩基である．**ルイスによる定義**では，相手から電子対を受け取る化学種が酸，電子対を相手に与える化学種が塩基である．

　2）アレニウスによる定義が最も古く，そのつぎにブレンステッド・ローリーによる定義が提唱され，ルイスによる酸と塩基の定義が最も新しい．

　3）塩化水素（気体）を水に吹き込むと，以下の反応が進行する．

$$HCl(aq) + H_2O(l) \longrightarrow H_3O^+(aq) + Cl^-(aq) \qquad (4 \cdot 7)$$

このとき，HCl 分子は H_2O に H^+ をわたすので，HCl は酸とみなせる．一方，アンモニア（気体）を水に吹き込むと，実際には以下の反応が進行する．

$$NH_3(aq) + H_2O(l) \longrightarrow NH_4^+(aq) + OH^-(aq) \qquad (4 \cdot 8)$$

このとき OH^- は NH_3 分子から放出されるわけではないので，アレニウスによる定義に従えば NH_3 は塩基とみなせない．そこで，アレニウスの時代には，溶液中に NH_4OH という化学種の存在が仮定された．

$$NH_4OH(aq) \longrightarrow NH_4^+(aq) + OH^-(aq) \qquad (4 \cdot 9)$$

このように考えると，NH_4OH が OH^- を放出しており，NH_4OH を塩基としてみなすことができる．ただし，現実には NH_4OH という化学種（分子）は存在しない．

　一方，ブレンステッド・ローリーによる定義に従えば，(4・8)式において NH_3

が H$^+$ を受け取っているので NH$_3$ を塩基とみなすことができる．このように，「プロトンを受け取る化学種が塩基である」と定義することによって，現実には存在しない NH$_4$OH を仮定することなく NH$_3$ を塩基とみなすことができるようになった．

　ルイスによる酸・塩基の定義を当てはめて，(4・7)式と (4・8)式を眺めるとどうなるか．ルイス酸は電子対を受け取る化学種と定義されるが，(4・7)式で電子対を受け取っているのは HCl から放出される H$^+$ である．ここで H$^+$ は H$_2$O 分子の O 原子がもつ非共有電子対を受け取っている．したがって，ルイスによる定義に従えば，HCl というよりも H$^+$ が酸であるというべきであろう．一方，(4・8)式で電子対を与えているのは NH$_3$ である．すなわち，NH$_3$ 分子の N 原子がもつ非共有電子対が，H$_2$O から放出される H$^+$ に与えられている．したがって，NH$_3$ はルイス塩基とみなせる．

　4) ルイスによる定義の特徴は，H$^+$ のやりとりのない反応も酸塩基反応としてとらえられることにある．たとえば，錯体 [Cu(NH$_3$)$_4$]$^{2+}$ が生成する反応

$$Cu^{2+}(aq) + 4NH_3(aq) \longrightarrow [Cu(NH_3)_4]^{2+}(aq) \qquad (4 \cdot 10)$$

に H$^+$ は関与しないが，NH$_3$ 分子の N 原子がもつ非共有電子対が Cu^{2+} イオンにわたされているので，Cu^{2+} イオンが酸，NH$_3$ が塩基とみなされる．

　例題 4・4: 酸塩基平衡式，共役酸・共役塩基　　　水溶液中での以下の酸または塩基の酸塩基平衡式を記せ．また，どの化学種がどの化学種の共役酸または共役塩基であるかを記せ．a) 酢酸，b) トリメチルアミン (CH$_3$)$_3$N

　解答　a) 水溶液中での酢酸の酸塩基平衡式は，

$$CH_3COOH(aq) + H_2O(l) \rightleftharpoons CH_3COO^-(aq) + H_3O^+(aq) \qquad (4 \cdot 11)$$

である．右向きに進行する反応において CH$_3$COOH は H$_2$O に H$^+$ をわたしているので，CH$_3$COOH が酸，H$_2$O が塩基としてはたらいていることになる．しかし，左向きに進行する反応においては，H$_3$O$^+$ が CH$_3$COO$^-$ に H$^+$ をわたしているので，H$_3$O$^+$ が酸，CH$_3$COO$^-$ が塩基としてはたらいていることになる．したがって，CH$_3$COO$^-$ は CH$_3$COOH の共役塩基，CH$_3$COOH は CH$_3$COO$^-$ の共役酸，H$_3$O$^+$ は H$_2$O の共役酸，H$_2$O は H$_3$O$^+$ の共役塩基である．

　b) 水溶液中でのトリメチルアミンの酸塩基平衡式は，

$$(CH_3)_3N(aq) + H_2O(l) \rightleftharpoons (CH_3)_3NH^+(aq) + OH^-(aq) \qquad (4 \cdot 12)$$

である．右向きに進行する反応において (CH$_3$)$_3$N は H$_2$O から H$^+$ を奪っているの

で，$(CH_3)_3N$ が塩基，H_2O が酸としてはたらいていることになる．しかし，左向きに進行する反応においては，$(CH_3)_3NH^+$ が OH^- に H^+ をわたしているので，$(CH_3)_3NH^+$ が酸，OH^- が塩基としてはたらいていることになる．したがって，$(CH_3)_3NH^+$ は $(CH_3)_3N$ の共役酸，$(CH_3)_3N$ は $(CH_3)_3NH^+$ の共役塩基であり，OH^- は H_2O の共役塩基，H_2O は OH^- の共役酸である．

解説　　酸 HA（H は水素原子）が水に溶けて水素イオンを放出する反応は，一般に，

$$HA(aq) + H_2O(l) \rightleftharpoons A^-(aq) + H_3O^+(aq)$$

と書くことができる．この反応が右向きに進むときに，酸としてはたらくのは HA であるが，左向きに進むときに酸としてはたらくのは H_3O^+ である．同様に，反応が右向き，左向きに進むとき，H_2O と A^- はそれぞれ塩基としてはたらく．このとき，A^- は HA の**共役塩基**，HA は A^- の**共役酸**とよばれる．同様に，H_2O は H_3O^+ の共役塩基，H_3O^+ は H_2O の共役酸である．

一方，塩基 B が水に溶けると，

$$B(aq) + H_2O(l) \rightleftharpoons BH^+(aq) + OH^-(aq)$$

の反応が起こる．このとき，BH^+ は B の共役酸，逆に B は BH^+ の共役塩基である．また，H_2O は OH^- の共役酸，OH^- は H_2O の共役塩基となる．このように，H_2O は酸にも塩基にもなりうる．

例題 4・5: 酸・塩基の解離定数と pK_a ならびに pK_b　　HCl の解離定数 K_a と pK_a の定義を述べよ．また，NH_3 の解離定数 K_b と pK_b の定義を述べよ．

解答　　水溶液中での HCl の酸塩基平衡式は，

$$HCl(aq) + H_2O(l) \rightleftharpoons H_3O^+(aq) + Cl^-(aq) \qquad (4・13)$$

である．この反応が平衡に達したのちの HCl，H_3O^+，Cl^- の活量をそれぞれ $a(HCl)$，$a(H_3O^+)$，$a(Cl^-)$ としたとき，HCl の K_a は次式によって定義される．

$$K_a = \frac{a(H_3O^+) \times a(Cl^-)}{a(HCl)} \qquad (4・14)$$

また，HCl の pK_a は次式によって定義される．

$$pK_a = -\log K_a \qquad (4・15)$$

一方，水溶液中での NH_3 の酸塩基平衡式は，

$$NH_3(aq) + H_2O(l) \rightleftharpoons NH_4^+(aq) + OH^-(aq) \qquad (4・16)$$

である．この反応が平衡に達したときの NH_3，NH_4^+，OH^- の活量をそれぞれ

$a(\mathrm{NH_3})$, $a(\mathrm{NH_4^+})$, $a(\mathrm{OH^-})$ としたとき, $\mathrm{NH_3}$ の K_b は次式によって定義される.

$$K_\mathrm{b} = \frac{a(\mathrm{NH_4^+}) \times a(\mathrm{OH^-})}{a(\mathrm{NH_3})} \qquad (4 \cdot 17)$$

また, $\mathrm{NH_3}$ の $\mathrm{p}K_\mathrm{b}$ は次式によって定義される.

$$\mathrm{p}K_\mathrm{b} = -\log K_\mathrm{b} \qquad (4 \cdot 18)$$

解説 HCl の水溶液(塩酸)において, HCl の濃度が低いとき, $\mathrm{H_2O}$ の活量 はほぼ 1 に等しいとみなせる. $\mathrm{H_2O}$ の活量を 1 としたときの (4・13) 式の平衡定数 が K_a であることに注意すること. なお, K_a の添え字は acid (酸) の頭文字である. また一般に, 水溶液中で成分 j の濃度が十分に低いとき, $a(j) \approx [j]$ $(\mathrm{mol\,dm^{-3}})$ と考えてよいので,

$$K_\mathrm{a} \approx \frac{[\mathrm{H_3O^+}] \times [\mathrm{Cl^-}]}{[\mathrm{HCl}]} \qquad (4 \cdot 19)$$

が成り立つ.

また, $\mathrm{NH_3}$ の水溶液中での平衡において, 水の活量を 1 としたときの (4・16) 式の平衡定数が K_b であることに注意すること. なお, K_b の添え字は base (塩基) の頭文字である.

ここで, 活量と濃度の関係を整理しておこう. 溶液における溶質 j の濃度をモル 分率 x_j で表し, 実在溶液における実効的なモル分率として活量 a_j を考えると, **活 量**は,

$$a_j = \gamma_j x_j \qquad (4 \cdot 20)$$

で与えられる. γ_j は**活量係数**とよばれる. モル分率, 活量, 活量係数はいずれも次 元をもたない. 水溶液などで汎用されるモル濃度 C_j に対しては, 活量は,

$$a_j = \gamma_j \frac{C_j}{C_j^\circ} \qquad (4 \cdot 21)$$

の形で表される. C_j° は**標準モル濃度**であり, 通常, $C_j^\circ = 1\,\mathrm{mol\,dm^{-3}}$ とおく. こ こでも活量と活量係数は無次元の量である. 数値の上では $C_j^\circ = 1\,\mathrm{mol\,dm^{-3}}$ は省略 しても活量の値は変わらないので,

$$a_j = \gamma_j C_j \qquad (4 \cdot 22)$$

と書くことも多い. この表現の場合には, $C_j^\circ = 1\,\mathrm{mol\,dm^{-3}}$ が省略されていること に注意すべきである.

例題 4・6: 水溶液の pH   水溶液の pH に関する以下の問いに答えよ.

1) 水溶液の pH の定義を述べよ.

2) $0.01\,\mathrm{mol\,dm^{-3}}$ の酢酸水溶液（298 K）の pH を推定せよ. ただし, CH_3COOH の K_a は 298 K において 1.8×10^{-5} である.

解答　　1) 溶液中での H_3O^+ の活量を $a(H_3O^+)$ で表したとき, その溶液の **pH** は次式で定義される.

$$pH = -\log a(H_3O^+) \qquad (4\cdot23)$$

ただし, H_3O^+ の濃度が十分に低いとき, $a(H_3O^+)$ は $[H_3O^+]$（$\mathrm{mol\,dm^{-3}}$）にほぼ等しいとみなせるので,

$$pH \approx -\log[H_3O^+] \qquad (4\cdot24)$$

2) $0.01\,\mathrm{mol}$ の酢酸を水に溶かしてつくった $1\,\mathrm{dm^3}$ の水溶液を考える（この水溶液は $0.01\,\mathrm{mol\,dm^{-3}}$ の酢酸水溶液である）. 酸としての CH_3COOH の酸塩基平衡式は,

$$CH_3COOH(aq) + H_2O(l) \rightleftharpoons CH_3COO^-(aq) + H_3O^+(aq) \qquad (4\cdot25)$$

である. 酢酸を水に入れた瞬間には CH_3COOH は H^+ を放出していないと考えると, その時点での CH_3COO^- と H_3O^+ の物質量はともに 0 mol である. しかしながら, ある時間が経過すれば $(4\cdot25)$式は平衡に達する. その時点での CH_3COO^- の物質量を $x\,\mathrm{mol}$ であるとすると, H_3O^+, CH_3COOH の物質量はそれぞれ $x\,\mathrm{mol}$, $(0.01-x)\,\mathrm{mol}$ でなければならない. すなわち,

$$CH_3COOH(aq) + H_2O(l) \rightleftharpoons CH_3COO^-(aq) + H_3O^+(aq)$$

| 水に入れた瞬間 | 0.01 mol | 0 mol | 0 mol |
| 平衡達成後 | $(0.01-x)$ mol | x mol | x mol |

$pH \approx -\log[H_3O^+] = -\log x$ が求めるべき推定値である.

$$K_a \approx \frac{[CH_3COO^-]\times[H_3O^+]}{[CH_3COOH]} = \frac{x^2}{0.01-x} = 1.8\times10^{-5} \qquad (4\cdot26)$$

であるから, x についての 2 次方程式

$$x^2 + 1.8\times10^{-5}x - 1.8\times10^{-7} = 0$$

を解けばよい. $x \geqq 0$ であるから, $x = 4.2\times10^{-4}$ となり, よって,

$$pH = -\log(4.2\times10^{-4}) = 3.4$$

が得られる.

例題 4・7: 溶解度積　　炭酸カルシウムの水への溶解に関する以下の問いに答えよ.

1) 炭酸カルシウムの水への溶解を反応式で表せ.

2) 水に対する炭酸カルシウムのモル溶解度とは何であるか，正確に述べよ．

3) 水を溶媒とする炭酸カルシウムの溶解度積 K_{sp} の定義を述べよ．

　解答　　1) 炭酸カルシウムの水への溶解は，つぎの反応式で表される．

$$CaCO_3(s) \longrightarrow Ca^{2+}(aq) + CO_3^{2-}(aq) \tag{4・27}$$

　2) 水に対する炭酸カルシウムのモル溶解度とは，$CaCO_3(s)$ と平衡状態にある炭酸カルシウム水溶液中の $CaCO_3$ のモル濃度（$mol\,dm^{-3}$）のことである．

　3) 飽和した炭酸カルシウム水溶液においては，以下の化学平衡が成り立っている．

$$CaCO_3(s) \rightleftharpoons Ca^{2+}(aq) + CO_3^{2-}(aq)$$

この反応の平衡定数 K は，

$$K = \frac{a(Ca^{2+}) \times a(CO_3^{2-})}{a(CaCO_3)} \tag{4・28}$$

である．ここで $CaCO_3$ は純粋な固体であるので，その活量は1である．したがって，

$$K = a(Ca^{2+}) \times a(CO_3^{2-}) \tag{4・29}$$

である．これが水を溶媒とする炭酸カルシウムの溶解度積 K_{sp} である．$[Ca^{2+}]$，$[CO_3^{2-}]$ が十分に小さいとき，$a(Ca^{2+}) \approx [Ca^{2+}]$，$a(CO_3^{2-}) \approx [CO_3^{2-}]$ であるので，

$$K_{sp} \approx [Ca^{2+}] \times [CO_3^{2-}] \tag{4・30}$$

である．

　解説　　1) 左辺の $CaCO_3(s)$ は固体状態の炭酸カルシウム，すなわち炭酸カルシウムの結晶を表している．右辺の $Ca^{2+}(aq)$，$CO_3^{2-}(aq)$ は水溶液中で H_2O や OH^- に配位された Ca^{2+} イオン，CO_3^{2-} イオンを表している．

　2) 一定量の水に炭酸カルシウムが何 g でも溶解するわけではなく，炭酸カルシウム水溶液の濃度には上限がある．その上限濃度を超える炭酸カルシウムを水に入れた場合，炭酸カルシウムは水溶液中に結晶（$CaCO_3(s)$）として残る．この場合，炭酸カルシウム結晶は炭酸カルシウム水溶液と平衡状態にあり，この炭酸カルシウム水溶液を飽和溶液とよぶ．飽和溶液のモル濃度がモル溶解度であって，多くの場合，モル溶解度は温度上昇とともに増大する．

　3) 298 K（25 ℃）における $CaCO_3$ の K_{sp} は 8.7×10^{-9} である．したがって，298 K での $CaCO_3$ の水に対するモル溶解度は，$(8.7 \times 10^{-9})^{1/2} = 9.3 \times 10^{-5}\,mol\,dm^{-3}$ と計算される．$9.3 \times 10^{-5}\,mol$ の $CaCO_3$ は 9.3 mg の $CaCO_3$ に相当するので，$CaCO_3$ は水にはほとんど溶けないことがわかる．

例題 4・8: 溶解度積から飽和溶液の濃度を求める　　水を溶媒とした場合,フッ化バリウムの溶解度積 K_{sp} は 298 K において 1.7×10^{-6} である. 298 K における水に対するフッ化バリウムのモル溶解度を求めよ.

解答　　フッ化バリウムの水への溶解反応は以下のようになる.

$$BaF_2(s) \rightleftharpoons Ba^{2+}(aq) + 2F^-(aq) \qquad (4 \cdot 31)$$

飽和溶液における $Ba^{2+}(aq)$, $F^-(aq)$ のモル濃度を $[Ba^{2+}]$, $[F^-]$ したとき, フッ化バリウムの溶解度積 K_{sp} は,

$$K_{sp} \approx [Ba^{2+}] \times [F^-]^2 \qquad (4 \cdot 32)$$

となる. x mol の BaF_2 が溶解して 1 L の飽和溶液が得られたとすると, $[Ba^{2+}] = x$ mol dm^{-3} および $[F^-] = 2x$ mol dm^{-3} である. このとき,

$$[Ba^{2+}] \times [F^-]^2 = 4x^3 \approx K_{sp} = 1.7 \times 10^{-6}$$

が成り立つ. これを x について解くと, $x = 7.52 \times 10^{-3}$ mol dm^{-3} となる. これが, 求めるべきフッ化バリウムの水に対するモル溶解度である.

例題 4・9: プロトン性溶媒と非プロトン性溶媒　　以下の溶媒をプロトン性溶媒と非プロトン性溶媒に分類せよ.

H_2O, $(CH_3)_2NCHO$, $(CH_3)_2CO$, CH_3COOH, CH_3CN, C_2H_5OH, $(CH_3)_2SO$

解答　　H_2O, CH_3COOH, C_2H_5OH はプロトン性溶媒であり, $(CH_3)_2NCHO$, $(CH_3)_2CO$, CH_3CN, $(CH_3)_2SO$ は非プロトン性溶媒である.

解説　　**プロトン性溶媒**は水素イオンを供与する性質をもつ溶媒であり, **非プロトン性溶媒**はそのような性質をもたない溶媒である.

水 H_2O, 酢酸 CH_3COOH, エタノール C_2H_5OH は, 以下に示すように, たとえば水に水素イオンを供与する性質をもち, プロトン性溶媒に分類される.

$$H_2O + H_2O \longrightarrow OH^- + H_3O^+ \qquad (4 \cdot 33)$$

$$CH_3COOH + H_2O \longrightarrow CH_3COO^- + H_3O^+ \qquad (4 \cdot 34)$$

$$C_2H_5OH + H_2O \longrightarrow C_2H_5O^- + H_3O^+ \qquad (4 \cdot 35)$$

カルボン酸においてはカルボキシ基の水素が, また, アルコールにおいてはヒドロキシ基の水素がイオンとして脱離する点に注意すること. エタノールの pK_a は 15.9 ときわめて大きく, $(4 \cdot 35)$ 式のように水素イオンを放出するエタノールの割合は非常に小さいが, プロトン性溶媒に分類される.

一方, N,N-ジメチルホルムアミド $(CH_3)_2NCHO$, アセトン $(CH_3)_2CO$, アセトニトリル CH_3CN, ジメチルスルホキシド $(CH_3)_2SO$ がもつ水素は水素イオンとし

て脱離する性質をもたないため，これらは非プロトン性溶媒に分類される.

例題 4・10: 自己プロトリシスと自己プロトリシス定数　　アンモニアの自己プロトリシスを反応式で示せ. また，アンモニアの自己プロトリシス定数は沸点 $(-33\,°C)$ において $10^{-33}\,mol^2\,dm^{-6}$ であることが知られている. 沸点での液体アンモニア中でのアンモニウムイオンの濃度を求めよ.

　　解答　　アンモニアの自己プロトリシスは,

$$NH_3 + NH_3 \longrightarrow NH_4^+ + NH_2^- \tag{4・36}$$

と表せる.

　　自己プロトリシス定数 K_{am} は,

$$K_{am} = [NH_4^+][NH_2^-] = 10^{-33}\,mol^2\,dm^{-6} \tag{4・37}$$

であり，液体アンモニアでは,

$$[NH_4^+] = [NH_2^-] \tag{4・38}$$

であるので,

$$[NH_4^+]^2 = 10^{-33}\,mol^2\,dm^{-6} \tag{4・39}$$

となる. よって，$[NH_4^+] = 3.16 \times 10^{-17}\,mol\,dm^{-3}$ と計算できる.

例題 4・11: 酸化還元反応　　以下の現象を反応式で表し，何が何によって酸化されたのか，何が何によって還元されたのかを記せ.

　1) 硫酸銅(Ⅱ) の水溶液に水素ガスを吹き込むと，銅が析出した.

　2) 金属バリウムを空気と接触させると金属バリウムの表面に酸化バリウムが生成した.

　3) 硫酸銅(Ⅱ) の水溶液に亜鉛板を浸すと，亜鉛板の表面に銅が生成した.

　　解答　　1) この反応は,

$$Cu^{2+}(aq) + H_2(g) \longrightarrow Cu(s) + 2H^+(aq) \tag{4・40}$$

で表される (ただし，実際に水溶液中に存在するのは H^+ ではなく H_3O^+ である). この反応においては $Cu^{2+}(aq)$ が $H_2(g)$ によって還元され，$H_2(g)$ が $Cu^{2+}(aq)$ によって酸化される.

　　2) この反応は,

$$2Ba(s) + O_2(g) \longrightarrow 2BaO(s) \tag{4・41}$$

で表される. BaO における Ba の酸化数は $+2$, O の酸化数は -2 である. した

がって，この反応においては Ba(s) が $O_2(g)$ によって酸化され，$O_2(g)$ が Ba(s) によって還元される．

3) この反応は，

$$Cu^{2+}(aq) + Zn(s) \longrightarrow Cu(s) + Zn^{2+}(aq) \qquad (4 \cdot 42)$$

で表される．この反応においては $Cu^{2+}(aq)$ が Zn(s) によって還元され，Zn(s) が $Cu^{2+}(aq)$ によって酸化される．

解説　一般に，化学種 A が化学種 B から電子を奪ったとき（すなわち B が A に電子を与えたとき），「A が B を酸化した」，「B が A によって酸化された」，「B が A を還元した」，「A が B によって還元された」という．単体中での原子の酸化数は 0 であり，化合物中での H の酸化数は +1，O の酸化数は −2 である（ただし，一部の水素化物や過酸化物などでは例外が見られる．）(4・40)式では Cu の酸化数が +2 から 0 に変化しており（還元された），一方，H の酸化数が 0 から +1 に変化している（酸化された）．したがって，$Cu^{2+}(aq)$ が $H_2(g)$ によって還元され，$H_2(g)$ が $Cu^{2+}(aq)$ によって酸化されることになる．

例題 4・12: 電池，電極，半反応，電池反応　図4・3のような電池があるものとする．以下の問いに答えよ．

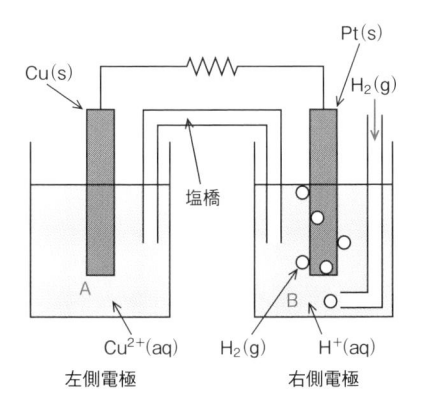

図 4・3　電池の模式図

1) この電池を，電池を表す式で記せ．ただし，図中 A 部を左側の電極，B 部を右側の電極として記せ．

2) 1) で記した電池の左側の電極，右側の電極で起こる半反応をそれぞれ記せ．

また，1) で記した電池で起こる電池反応を記せ.

　解答　　1) この電池は，$Cu(s)|Cu^{2+}(aq)\|H^+(aq)|H_2(g)|Pt(s)$ と表記される.

　2) 左側の電極で起こる半反応は，

$$Cu(s) \longrightarrow Cu^{2+}(aq) + 2e^- \tag{4・43}$$

右側の電極で起こる半反応は，

$$2H^+(aq) + 2e^- \longrightarrow H_2(g) \tag{4・44}$$

である. また，電池反応は (4・43)式と (4・44)式の両辺を足し合わせて得られる
酸化還元反応であり，以下のようである.

$$Cu(s) + 2H^+(aq) \longrightarrow Cu^{2+}(aq) + H_2(g) \tag{4・45}$$

　解説　　1)　| は相の境界，‖ は塩橋を表す. $Cu(s)|Cu^{2+}(aq)$ が左側の電極，
$H^+(aq)|H_2(g)|Pt(s)$ が右側の電極である. 電池は必ず一対の電極から成り立っ
ている.

　2) $Cu(s)|Cu^{2+}(aq)\|H^+(aq)|H_2(s)|Pt(s)$ のように表記された電池においては，
現実に（自発的に）両電極でどのような反応が起こるかとは無関係に，左側の電極
で酸化反応が，右側の電極で還元反応が起こると仮定されることに注意すること.
（実際には，この反応の逆反応が自発的に進行する.）

例題 4・13: 標準電極電位と標準還元電位　　電極 $Zn^{2+}(aq)|Zn(s)$ の標準
電極電位（半反応 $Zn^{2+}(aq) + 2e^- \rightarrow Zn(s)$ の標準還元電位）を測定するための装
置の概略図を描け.

　解答　　図4・4のようになる.

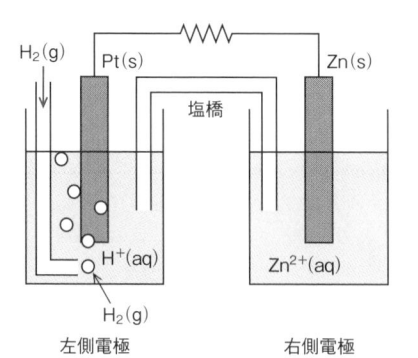

図 4・4　電極 $Zn^{2+}(aq)|Zn(s)$ の標準電極電位を測定するための電池. ただし，
　　　　$H_2(g)$ の圧力は 1 bar（10^5 Pa），溶液中の H^+ および Zn^{2+} の活量は 1 である

解説 電池の右側の電極と左側の電極の間には電圧（電位差）が生じる．これは，右側の電極の電位と左側の電極の電位に差があることを意味する．これらの電極がそれぞれ固有の電位をもつことの結果である．ただし，電極の電位は，その電極を構成する物質の活量に依存する．

海面の高さを基準として山の高さを表現する（海抜 ○○ m）のと同じように，電極の電位を数字で表すためにも基準となる電位（0 V）が必要である．基準となる電位は，ある電極の電位を 0 V と定めることによって与えられる．基準としてしばしば用いられる電極に，**標準水素電極** (standard hydrogen electrode) $Pt(s) | H_2(g) | H^+(aq)$ がある．ただし $H_2(g)$，H^+ はともに標準状態にある，すなわち $H_2(g)$ の圧力は 1 bar（10^5 Pa），H^+ の活量は 1 である．

電池の起電力は左側の電極の電位を基準とした右側の電極の電位，すなわち，右側の電極の電位から左側の電極の電位を引いた電位差として定義される．さらに，**標準起電力**は，電池を構成するすべての物質が標準状態にあるとき（すなわちすべての物質の活量が 1 であるとき）の起電力として定義される（例題 4・14 参照）．電極 A の標準電極電位は，基準電極を左側の電極とし，電極 A を右側の電極として構成される電池の標準起電力として測定される．電極 $Zn^{2+}(aq) | Zn(s)$ の標準電極電位が反応 $Zn^{2+}(aq) + 2e^- \rightarrow Zn(s)$ の標準還元電位ともよばれるのは，電池においては右側の電極（$Zn^{2+}(aq) | Zn(s)$）で還元半反応が起こると仮定されるためである．

なお，どのような電極を基準電極として測定した標準電極電位であるかを明示するために，たとえば，標準水素電極を基準電極として測定した標準電極電位であれば，+0.78 V vs. SHE などと書く．ここで SHE は standard hydrogen electrode の略である．

例題 4・14: 電池の起電力と電池反応　電池 $Cu(s) | Cu^{2+}(aq) \| Zn^{2+}(aq) | Zn(s)$ に関する以下の問いに答えよ．ただし，半反応 $Cu^{2+}(aq) + 2e^- \rightarrow Cu(s)$ と $Zn^{2+}(aq) + 2e^- \rightarrow Zn(s)$ の標準還元電位は 298 K においてそれぞれ +0.34 V，−0.76 V である．また，気体定数は 8.31 J K^{-1} mol^{-1}，ファラデー定数は 96500 C mol^{-1} である．

1) この電池の電池反応を記せ．

2) 298 K におけるこの電池の標準起電力を求めよ．

3) 2)で答えた標準起電力は, 実際にはどのような条件のもとで観測される値であるか.

4) 298 K におけるこの電池の電池反応の標準自由エネルギー変化を求めよ.

5) $[Cu^{2+}] = 0.015\ mol\ dm^{-3}$, $[Zn^{2+}] = 0.002\ mol\ dm^{-3}$ であるとき, どちらの電極の方がどちらの電極よりも何 V 電位が高いか. また, このとき, 電流はどちらの電極からどちらの電極に向かって流れるか. さらに, この条件のもとで, 1)で答えた電池反応は自発的に進行するか.

6) $[Cu^{2+}] = 0.015\ mol\ dm^{-3}$, $[Zn^{2+}] = 0.002\ mol\ dm^{-3}$ であるとき, この電池の電池反応の自由エネルギー変化を求めよ.

解答　1) $Cu(s)\,|\,Cu^{2+}(aq)\,\|\,Zn^{2+}(aq)\,|\,Zn(s)$ のように記された電池に対しては, 実際に起こる反応とは無関係に, 左側の電極で酸化反応が, 右側の電極で還元反応が起こるものとして電池反応を書く約束がある. すなわち, 本問の場合, 左側の電極では半反応

$$Cu(s) \longrightarrow Cu^{2+}(aq) + 2e^- \qquad (4\cdot46)$$

が, 右側の電極では半反応

$$Zn^{2+}(aq) + 2e^- \longrightarrow Zn(s) \qquad (4\cdot47)$$

が起こるものと仮定される. (4・46)式, (4・47)式の右辺, 左辺をそれぞれ足し合わせたもの,

$$Cu(s) + Zn^{2+}(aq) \longrightarrow Cu^{2+}(aq) + Zn(s) \qquad (4\cdot48)$$

がこの電池の電池反応である.

2) 右側の電極の標準電極電位 E_R° から左側の電極の標準電極電位 E_L° を差し引いたものが, その電池の標準起電力 E_{cell}° となる. したがって, この電池の標準起電力は,

$$E_{cell}^\circ = E_R^\circ - E_L^\circ = -0.76\ V - 0.34\ V = -1.10\ V$$

である.

3) 標準起電力は, 電池反応に関与するすべての化学種の活量が 1 であるときの起電力である. したがって, 本問の電池においては Cu^{2+} と Zn^{2+} の活量がいずれも 1 であるときに観測される起電力である.

4) 電池の標準起電力 E_{cell}°, その電池の電池反応の**標準自由エネルギー変化** ΔG° の間には以下の関係が成り立つ.

$$\Delta G^\circ = -\nu F E_{cell}^\circ \qquad (4\cdot49)$$

ここで ν は電池反応に関与する電子の数, F はファラデー定数である. したがって, 本問の電池反応の ΔG° は,

$$\Delta G^{\circ} = -2 \times 96500 \text{ C mol}^{-1} \times (-1.10 \text{ V}) = 212300 \text{ C V mol}^{-1}$$
$$= 212300 \text{ J mol}^{-1}$$

（注：　C V＝J であることに注意せよ．また，ここで現れる mol^{-1} は「Cu あるいは Zn^{2+} 1 mol あたり」という意味であることに注意せよ.）

5) 電池反応に関与する化学種の活量の少なくともいずれかが 1 でない場合，その電池の起電力 E_{cell} は標準起電力 E_{cell}° とは異なった値をとる．Cu^{2+} と Zn^{2+} の活量をそれぞれ $a(\text{Cu}^{2+})$, $a(\text{Zn}^{2+})$ で表したとき，

$$E_{\text{cell}} = E_{\text{cell}}^{\circ} - \frac{RT}{\nu F} \ln \frac{a(\text{Cu}^{2+})}{a(\text{Zn}^{2+})} \tag{4・50}$$

が成り立つ．これを**ネルンストの式**という．$a(\text{Cu}^{2+}) \approx [\text{Cu}^{2+}]$, $a(\text{Zn}^{2+}) \approx [\text{Zn}^{2+}]$ とみなすと，

$$E_{\text{cell}} = -1.10 \text{ V} - \frac{8.31 \text{ J K}^{-1} \text{mol}^{-1} \times 298 \text{ K}}{2 \times 96500 \text{ C mol}^{-1}} \ln \frac{0.015 \text{ mol dm}^{-3}}{0.002 \text{ mol dm}^{-3}}$$
$$= -1.13 \text{ J C}^{-1} = -1.13 \text{ V} \tag{4・51}$$

となる．電池電位は右側の電極の電位から左側の電極の電位を引いたものと定義されるから，右側の電極の方が左側の電極よりも -1.13 V だけ電位が高い，すなわち，左側の電極の方が右側の電極よりも 1.13 V だけ電位が高いことになる．電流は電位の高い電極から電位の低い電極に流れるから，左側の電極から右側の電極に電流が流れることになる（電子は右側の電極から左側の電極に流れる）．このとき，1) で答えた電池反応は自発的に進行せず，その逆反応が自発的に進行することになる．

6) 電池の起電力 E_{cell} と電池反応の自由エネルギー変化 ΔG の間には，

$$\Delta G = -\nu F E_{\text{cell}} \tag{4・52}$$

の関係が成り立つ．したがって，$[\text{Cu}^{2+}] = 0.015 \text{ mol dm}^{-3}$, $[\text{Zn}^{2+}] = 0.002 \text{ mol dm}^{-3}$ のときの電池反応の ΔG は，

$$\Delta G = -2 \times 96500 \text{ C mol}^{-1} \times (-1.13 \text{ V}) = 218090 \text{ C V mol}^{-1}$$
$$= 218090 \text{ J mol}^{-1}$$

となる．

解説　　熱力学で学ぶように，ΔG と ΔG° の間には，

$$\Delta G = \Delta G^{\circ} + RT \ln \frac{a(\text{Cu}^{2+})}{a(\text{Zn}^{2+})} \tag{4・53}$$

が成り立つ．この式からも $\Delta G = 217300 \text{ J mol}^{-1}$ が導かれる．また，ΔG が正の値をとることからも，1) で答えた電池反応の逆反応が自発的に進行することがわかる．

練 習 問 題

4・1 HCl の共役塩基の解離定数，NH₃ の共役酸の解離定数をそれぞれ求めよ．HCl の共役塩基と NH₃ の塩基としての強さ，また，NH₃ の共役酸と HCl の酸としての強さをそれぞれ比べよ．ただし，HCl の解離定数 $K_a = 10^7$，NH₃ の解離定数 $K_b = 1.8 \times 10^{-5}$ である．

4・2 ある酸 HA の解離定数と，その酸の共役塩基の解離定数の積は，298 K において 10^{-14} となる．このことを証明せよ．

4・3 298 K の $0.001 \ mol \ dm^{-3}$ のアンモニア水溶液中での NH₃ 分子，NH₄⁺ イオン，OH⁻ イオン，H₃O⁺ イオンのモル濃度を求めよ．ただし，298 K において NH₃ の K_b は 1.8×10^{-5} である．

4・4 298 K の $0.01 \ mol \ dm^{-3}$ の塩化ナトリウム水溶液に対する塩化銅(I) のモル溶解度を求めよ．ただし，298 K における CuCl の K_{sp} は 1.0×10^{-6} である．

4・5 電池 $Zn(s) | Zn^{2+}(aq) \| Cl^{-}(aq) | Cl_2(g) | Pt(s)$ の模式図（例題 4・13 で描いてあるような図）を描け．また，この電池の電池反応を記せ．

4・6 $[Ag^+] = 0.01 \ mol \ dm^{-3}$，$[Ni^{2+}] = 0.05 \ mol \ dm^{-3}$ のとき，つぎの酸化還元反応は 298 K において自発的に進行するか．

$$2Ag(s) + Ni^{2+}(aq) \longrightarrow 2Ag^+(aq) + Ni(s)$$

ただし，半反応 $Ag^+(aq) + e^- \rightarrow Ag(s)$，$Ni^{2+}(aq) + 2e^- \rightarrow Ni(s)$ の標準還元電位は 298 K においてそれぞれ $+0.80 \ V$，$-0.23 \ V$ である．また，気体定数は $8.31 \ J \ K^{-1} \ mol^{-1}$，ファラデー定数は $96500 \ C \ mol^{-1}$ である．

4・7 電池 $Fe(s) | Fe^{2+}(aq) \| Cu^{2+}(aq) | Cu(s)$ をつくったものとする．ただし，溶液中での活量 $a(Fe^{2+}) = a(Cu^{2+}) = 1$ とした．温度を 298 K に保ったまま，どちらかの電極の水溶液に水を加えることによって左右の電極間の電圧を大きくしたい．どちらの電極の水溶液に水を加えればよいか．根拠を示して答えよ．ただし，半反応 $Fe^{2+}(aq) + 2e^- \rightarrow Fe(s)$，$Cu^{2+}(aq) + 2e^- \rightarrow Cu(s)$ の標準還元電位は 298 K においてそれぞれ $-0.44 \ V$，$+0.34 \ V$ である．

4・8 298 K で電池 $Zn(s) | Zn^{2+}(aq) \| Cu^{2+}(aq) | Cu(s)$ から電流を取出し続けたところ，最終的に電流が流れなくなった．電流が流れなくなった時点での Zn²⁺ および Cu²⁺ の活量の関係を答えよ．ただし，半反応 $Zn^{2+}(aq) + 2e^- \rightarrow Zn(s)$ と $Cu^{2+}(aq) + 2e^- \rightarrow Cu(s)$ の標準還元電位は 298 K においてそれぞれ $-0.76 \ V$，$+0.34 \ V$ である．また，気体定数は $8.31 \ J \ K^{-1} \ mol^{-1}$，ファラデー定数は $96500 \ C \ mol^{-1}$ である．

4・9 HSAB の概念において，どのような性質をもつ酸・塩基が "硬い" あるいは "軟らかい" となるかを定性的に説明せよ．

5

配 位 化 学

　本章では無機化学の中心を担う領域の一つである**配位化学**について学ぶ．主として遷移元素のイオンや原子に対して陰イオン，中性分子，多原子イオンなどがそれを取囲むように結合し，独特の構造をつくりあげている化合物を**錯体**または**配位化合物**という．配位化学は錯体の構造，反応，性質を扱う分野であり，**錯体化学**ともよばれる．典型的な錯体では，たとえば $[Co(NH_3)_6]^{3+}$ のように正電荷を帯びた金属イオン（この場合 Co^{3+}）が中心にあって，そのまわりを配位子とよばれる分子やイオン（この場合は NH_3）が取囲み，配位子は自らの非共有電子対を介して金属イオンと結合している．このような結合は共有結合の一種とみなされるが，特に**配位結合**と名づけられている．配位結合はルイス酸である金属イオンがルイス塩基である配位子から非共有電子対を受け取るという酸・塩基の相互作用ともみなせる．配位化学の黎明期にウェルナー（Werner）によって構造が明らかにされた錯体はもっぱらこの種の化合物である．ルイス酸とルイス塩基の概念で配位結合が説明される錯体は**ウェルナー型錯体**とよばれる．$[Co(NH_3)_6]^{3+}$ は正八面体形の構造をとり，Co^{3+} は正八面体の中心にあって，六つの頂点に NH_3 分子が存在する．中心金属を取囲む配位子の数は**配位数**とよばれる．$[Co(NH_3)_6]^{3+}$ では配位数は 6 である．

　ウェルナー型錯体に対して，$[Ni(CO)_4]$ のような錯体では中心にある Ni の酸化数は 0 であり，金属元素としては異常に低い酸化状態となっている．この種の錯体では，配位子から中心金属イオンへの電子対の供与に加えて，金属イオンが π 結合を通じて配位子に電子を与える．これを**逆供与**といい，単純なルイスの酸・塩基の相互作用では説明できない類の配位結合において重要な役割を演じる．この種の

錯体は**非ウェルナー型錯体**とよばれている.

　配位子が比較的大きな分子であって，分子中の複数の原子が中心金属と配位結合をつくる錯体もある．このような配位子は**多座配位子**とよばれ，分子の形状に応じて独特の構造をもつ錯体を形成する．多座配位子が配位した錯体では中心金属イオンと配位子が環状の構造をつくる場合が多い．このような錯体を特に**キレート**あるいは**キレート化合物**とよんでいる．また，複数の金属原子が直接あるいは配位子を介して結合し，各金属原子のまわりにも配位子が結合した複雑な構造をもつ錯体も存在する．中心金属イオンまたは原子が複数存在するような錯体は**多核錯体**とよばれる．単核の錯体であっても配位子の種類が複数である場合や同じ配位子が異なる原子で配位する場合などは構造が複雑であるが，これらの錯体を互いに区別するため，錯体の命名においては一定の規則が設けられている．詳細は例題を通じて学習する．

　錯体の構造や性質を理解するうえで，配位子が中心金属イオンの電子状態に及ぼす影響を考察することが重要である．錯体の電子状態を明らかにする手法には大きく二つのものがあり，一つのモデルでは配位子を負に帯電した点電荷と考え，中心金属イオンの電子（特に d 軌道の電子）と負の点電荷との静電的な反発力に基づいて金属イオンの電子のエネルギー状態を考察する．これを**結晶場理論**という．もう一つのアプローチは中心金属イオンの原子軌道と配位子の原子軌道とからなる分子軌道を考えて錯体の電子状態を解析するものであり，**配位子場理論**とよばれる．d 軌道に複数の電子が存在する多電子系に対しては電子間の相互作用を考慮した理論が知られており，これは**田辺-菅野図**の形で d 電子を対象とした実験データの解析に頻繁に用いられる．いずれの理論においても，配位子の種類や配位数によって配位子がつくる静電的な"場"が異なり，その影響を受けて中心金属イオンの d 軌道のエネルギー状態や電子配置が変化する．エネルギー準位が異なると錯体が吸収する光の波長に違いが生じるため，それに応じて錯体の色も変化する．場合によっては，錯体からの発光も大きな変化を受ける．また，電子配置は電子のスピン量子数（あるいは単にスピン）と軌道角運動量量子数の総和に影響を及ぼすため，中心金属が同じでも配位子が違えば磁気モーメントの大きさが異なり，ひいては錯体の示す磁性にも違いが現れる．錯体の電子状態の理論はイオン結晶における遷移金属イオンの電子構造の解析に適用することも可能で，遷移元素を含む多くのイオン結晶が示す光吸収や発光などの光学的性質や微視的な磁性は結晶場や配位子場の概念で説明できることが多い．

　錯体の反応では配位子の置換や中心金属イオンの酸化還元などが起こる．ここでも錯体の種類に応じて特徴的な反応が見られる．たとえば $[PtCl_3NH_3]^-$ のような平面四角形（正方形）の錯体の反応では塩化物イオンのトランス位の配位子が置換される．この現象は**トランス効果**とよばれ，CN^- や CO など他の配位子においても観察される．また，中心金属イオンの酸化還元をともなう電子移動反応では，反応過程の違いに応じて**内圏型電子移動反応**と**外圏型電子移動反応**の2種類が知られている．どちらの反応が起こるかは錯体の性質に依存する．

　本章では，配位化学全般を学習する目的で，錯体の構造，命名法，電子構造と物性，反応などに関する基礎的な問題を設けた．

例題 5・1: 錯体の異性体　　錯体の異性体に関するつぎの問いに答えよ．

1）結合異性とは何か．$[Co(NH_3)_5(NO_2)]^{2+}$ を例にあげて説明せよ．

2）$[CoCl_2(NH_3)_4]^+$ の幾何異性体の立体構造を示し，幾何異性体を特徴づける名称を述べよ．

　解答　　1）NO_2^- は両座配位子であり，N 原子が配位結合をつくる場合と O 原子が配位結合をつくる場合がある．すなわち，構造の異なる2種類の錯体が存在する．この現象を結合異性という．

　2）2種類の幾何異性体が存在し，それらの構造は図5・1のようになる．図5・1(a) は *cis*（シス）形，図5・1(b) は *trans*（トランス）形である．

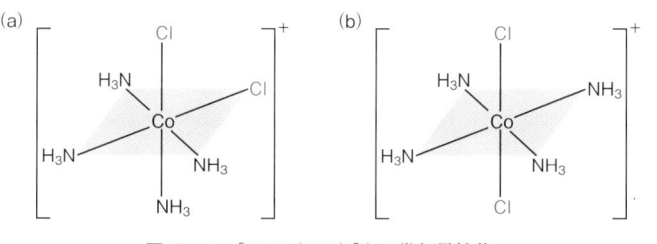

図 5・1　$[CoCl_2(NH_3)_4]^+$ の幾何異性体

　解説　　一つの配位子が配位結合できる原子を複数もち，そのうちの一つが金属原子（イオン）と結合して錯体を形成する場合，結合する原子の種類に応じて異なる錯体が生じる．この種の配位子を**両座配位子**とよび，構造の異なる複数の錯体が生じる現象を**結合異性**という．また，配位子と錯イオンの対イオンが入れ

替わって異性体が生じる現象を**イオン化異性**という．これは $[PtCl_2(NH_3)_2]Br_2$ と $[PtBr_2(NH_3)_2]Cl_2$ などで見られる．類似の異性体として水和水が入れ替わるものがあり，**水和異性**とよばれる．$[CrCl(H_2O)_5]Cl_2 \cdot H_2O$ と $[CrCl_2(H_2O)_4]Cl \cdot 2H_2O$ などがその例である．さらに，$[Co(NH_3)_6][Cr(CN)_6]$ と $[Cr(NH_3)_6][Co(CN)_6]$ などのように化学式が同じで異なる錯イオンを生じる場合を**配位異性**とよぶ．

中心金属に 2 種類の配位子が結合する場合，それらを L，X と表現し，中心金属を M で表すと，$[ML_5X]$，$[ML_4X_2]$，$[ML_3X_3]$，$[ML_2X_4]$，$[MLX_5]$ の化学式の異なる 5 種類の錯体が存在することになる．そのうち，$[ML_4X_2]$ と $[ML_2X_4]$ は配位子の種類と数の点では等価であり，$[ML_4X_2]$ と $[ML_3X_3]$ の型の錯体には幾何異性体が存在する．$[ML_4X_2]$ において配位子 X 同士が最も近い位置にあるものがシス形，最も離れているものがトランス形である．$[ML_3X_3]$ に見られる幾何異性体については練習問題 5・1 を参照のこと．また，練習問題 5・2 では鏡像異性体について取上げた．

例題 5・2: 多座配位子　　Co^{3+} の錯体を例にとり，エチレンジアミン（$NH_2CH_2CH_2NH_2$）が 2 座配位子であることを，錯体の構造を図示して説明せよ．

解答

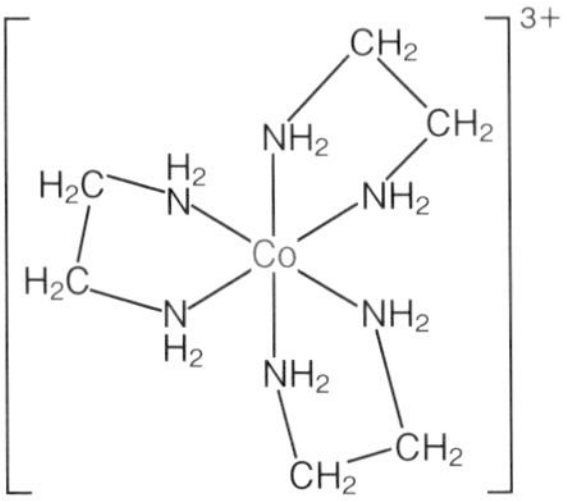

図 5・2　$[Co(en)_3]^{3+}$ の構造
en はエチレンジアミン

図 5・2 に示すように，エチレンジアミン分子に存在する 2 個の窒素原子の非共有電子対により Co^{3+} に配位する．3 個のエチレンジアミン分子が Co^{3+} を取囲み，6 個の N 原子が正八面体の頂点に位置するような構造となる．一つの配位子が 2 個の原子によって配位結合をつくっているので，エチレンジアミンは 2 座配位子である．

解説　　一つの配位子が中心の金属イオンと一つの配位結合をつくる場合，この配位子を**単座配位子**とよぶ．これに対し，一つの配位子が中心金属イオンと複数の配位結合をつくるとき，これを**多座配位子**という．多座配位子のなかには，二つ

の配位結合をつくる 2 座配位子，三つの配位結合を形成する 3 座配位子などがあり，エチレンジアミン（en と略称）は分子内の 2 個の N 原子が配位結合をつくるため 2 座配位子である．多座配位子にはアセチルアセトナト（acac），エチレンジアミンテトラアセタト（edta）などがある．これらの錯体では，図 5・2 にも見られるように環状の構造ができる．この環構造をキレート環といい，このような構造をもつ錯体を**キレート**という．

　なお，ここで用いた名称，すなわち，エチレンジアミン，アセチルアセトナト，エチレンジアミンテトラアセタトはすべて慣用名であり，IUPAC 命名法では，これらはそれぞれ，エタン-1,2-ジアミン，2,4-ジオキソペンタン-3-イド，2,2',2'',2'''-（エタン-1,2-ジイルジニトリロ）テトラアセタトとなる．

例題 5・3: 錯体の命名法　　つぎの化学式で表される化合物の名称を日本語名と英語名で述べよ．錯体の電荷は，中心金属の酸化数をローマ数字で表す方法と，錯体全体の電荷をアラビア数字で表す方法があり，いずれの表現も記せ．

a) $[Co(NH_3)_6]Cl_3$，b) $Na_3[Co(NO_2)_6]$，c) $[Cr(C_6H_6)_2]$，d) $[Fe(bpy)_3]Cl_2$

解答

a) ヘキサアンミンコバルト（Ⅲ）塩化物
   hexaamminecobalt（Ⅲ）chloride

   ヘキサアンミンコバルト（3+）塩化物
   hexaamminecobalt（3+）chloride

b) ヘキサニトリト-κN-コバルト（Ⅲ）酸ナトリウム
   sodium hexanitrito-κN-cobaltate（Ⅲ）

   ヘキサニトリト-κN-コバルト酸（3−）ナトリウム
   sodium hexanitrito-κN-cobaltate（3−）

c) ビス（η^6-ベンゼン）クロム（0）
   bis（η^6-benzene）chromium（0）

   ビス（η^6-ベンゼン）クロム（0）
   bis（η^6-benzene）chromium（0）

d) トリス（2,2'-ビピリジン）鉄（Ⅱ）塩化物
   tris（2,2'-bipyridine）iron（Ⅱ）chloride

   トリス（2,2'-ビピリジン）鉄（2+）塩化物
   tris（2,2'-bipyridine）iron（2+）chloride

解説　　錯体の化学式の表現では，中心原子，配位子の順に書き，異なる種類の配位子が複数存在する場合には，化学式の記号のアルファベット順に並べる．また，化学式全体を括弧 ［　］で囲む．以下に，錯体の命名法について簡単にふれて

おく.

　錯体の名称の記述として，英語では基本的に配位子の名称のあとに中心原子の名
称を書き，配位子は読み方のアルファベットの順に並べる．日本語は英語名をその
まま訳す．アルファベットを考える場合，di（ジ），hexa（ヘキサ）などの数を表
す接頭語は考慮しない．陰イオンの配位子の場合，-ide, -ite, -ate で終わる陰イ
オンに対して語尾をそれぞれ，-ido, -ito, -ato と変えて配位子の名称とする（表
5・1）．中性分子と陽イオンが配位子の場合にはもとの名称をそのまま用いるが，
H_2O はアクア（aqua），NH_3 はアンミン（ammine），CO はカルボニル（carbonyl），
NO はニトロシル（nitrosyl）とよぶ．一つの配位子で配位する原子が異なる場合，
配位原子をイタリックで書き，前に κ を付けて表す（カッパ方式）．たとえば，
NO_2 はニトリト-κ*N*（N 原子が配位）とニトリト-κ*O*（O 原子が配位），NCS はチ
オシアナト-κ*N*（N 原子が配位）とチオシアナト-κ*S*（S 原子が配位）となる．ま
た，中心金属の名称は錯陰イオン中では，英語において元素名の語尾が ate となり，
日本語では－酸となる．

表 5・1　錯体における配位子の名称

F^-	fluoride（フッ化物）→ fluorido（フルオリド）
Cl^-	chloride（塩化物）→ chlorido（クロリド）
Br^-	bromide（臭化物）→ bromido（ブロミド）
I^-	iodide（ヨウ化物）→ iodido（ヨージド）
O^{2-}	oxide（酸化物）→ oxido（オキシド）
OH^-	hydroxide（水酸化物）→ hydroxido（ヒドロキシド）
O_2^{2-}	peroxide（過酸化物）→ peroxido（ペルオキシド）
CN^-	cyanide（シアン化物）→ cyanido（シアニド）

　このほか，構造が複雑であるために特別な記号を用いる配位子のいくつかを表
5・2 に示す．配位子が複数あれば，ジ（di），トリ（tri），テトラ（tetra），ペンタ
（penta），ヘキサ（hexa），… の接頭語により，2, 3, 4, 5, 6, … という個数を表し，
配位子が数を意味する言葉を含むときや複雑な配位子のとき（たとえばエチレンジ
アミンやピリジンなど）には 2, 3, 4, … 個の配位子に対してビス（bis），トリス
（tris），テトラキス（tetrakis），… を接頭語として付ける．

　このほか，エテン（エチレン）やベンゼンのような不飽和な分子や原子団が配位
子のときは名前の前に η- を付け，η の右肩に配位する原子の数を表す数字を書く．
また，架橋原子や原子団を含むときは架橋団の名称の前に μ- を付け，他の部分の
名称とハイフンでつなぐ．

表 5・2　複雑な構造をもつ配位子の記号と名称

記　号	名　　称	化学式など
acac	アセチルアセトナト[a] acetylacetonato	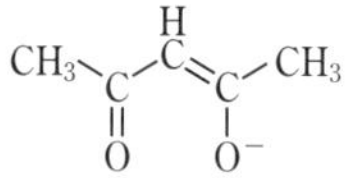 $CH_3-\overset{\overset{H}{C}}{\underset{O}{C}}=\overset{C}{\underset{O^-}{C}}-CH_3$
edta	エチレンジアミンテトラアセタト[a] ethylenediaminetetraacetato	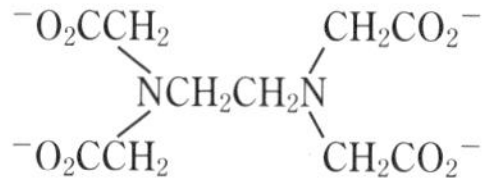 $^-O_2CCH_2$　$CH_2CO_2^-$ NCH_2CH_2N $^-O_2CCH_2$　$CH_2CO_2^-$
bpy	2,2′-ビピリジン 2,2′-bibyridine	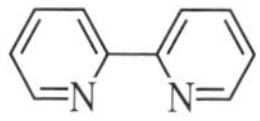
dien	ジエチレントリアミン[a] diethylenetriamine	$H_2NCH_2CH_2NHCH_2CH_2NH_2$
en	エチレンジアミン[a] ethylenediamine	$H_2NCH_2CH_2NH_2$
phen	1,10-フェナントロリン 1,10-phenanthroline	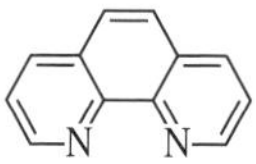
py	ピリジン pyridine	

a) 慣用名

例題 5・4: 結晶場理論　　八面体の結晶場に置かれた遷移金属イオンの d 軌道に対応するエネルギー準位図は図 5・3 のようになる. また, 四面体の結晶場の

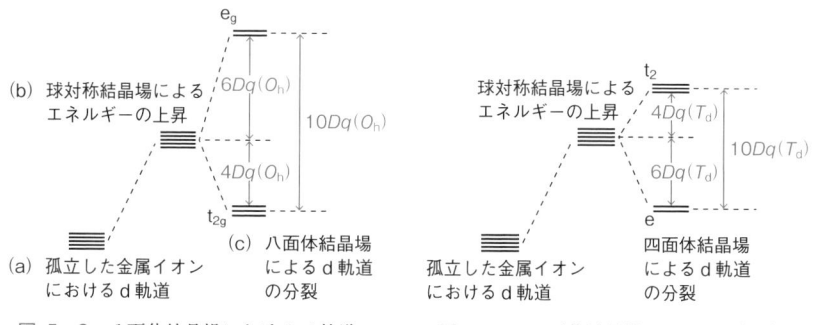

図 5・3　八面体結晶場における d 軌道の
エネルギー準位

図 5・4　四面体結晶場における d 軌道の
エネルギー準位

場合には図5・4のようになる．それぞれのエネルギー準位がなぜ図に示されているようになるか説明せよ．

　　解答　　遷移金属イオンが孤立した状態では五つのd軌道に対応するエネルギー準位は縮退している（図5・3(a)）．遷移金属イオンのまわりに球対称の結晶場（球対称に分布した均一な負電荷）ができると，d軌道の電子と結晶場がもたらす負電荷との静電的な反発力のためd軌道のエネルギーは上昇する（図5・3(b)）．配位子が正八面体の頂点に位置して配位する構造では，d軌道の電子と配位子の非共有電子対との静電的な反発力によってd軌道のエネルギー準位が決まり，配位子の方向に原子軌道が伸びている$d_{x^2-y^2}$軌道とd_{z^2}軌道は反発力が大きくなるためこれらの軌道に対応するエネルギー準位は上がり，逆に配位子との反発力が相対的に小さいd_{xy}軌道，d_{yz}軌道，d_{zx}軌道のエネルギー準位は下がる．結果として図5・3(c)のような準位図となる．六つの配位子の非共有電子対による電荷密度と，球対称の結晶場の負電荷による電荷密度が等しければ，図5・3(b)と図5・3(c)のエネルギー準位の重心の位置は同じである．

　　配位子が正四面体の頂点に存在する四面体結晶場では，反発力の大きさが逆になり，図5・4に示すようにe軌道のエネルギー準位は相対的に低くなり，t_2軌道のエネルギー準位は高くなる．

　　解説　　八面体結晶場の場合$d_{x^2-y^2}$軌道とd_{z^2}軌道はe_g軌道とよばれ，d_{xy}軌道，d_{yz}軌道，d_{zx}軌道はまとめてt_{2g}軌道とよばれる．たとえばd_{z^2}軌道およびd_{xy}軌道と配位子との幾何学的な関係は図5・5のようになり，d_{z^2}軌道は配位子の方向を向いているためd電子と配位子の非共有電子対との反発力が大きくなって不安定化する．四面体結晶場では，$d_{x^2-y^2}$とd_{z^2}はe軌道，d_{xy}，d_{yz}，d_{zx}はt_2軌道とよばれる．eやtの記号は原子軌道の対称性に基づくものであり，八面体結晶場では錯体の構

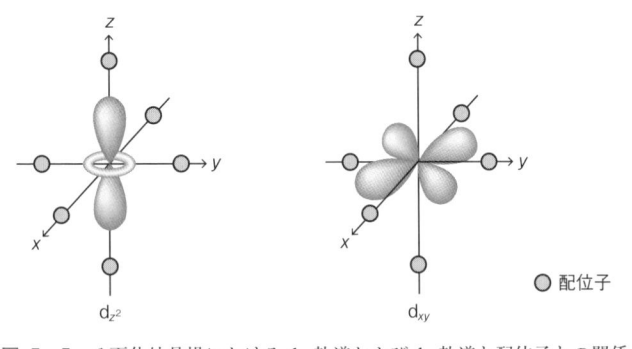

図5・5　八面体結晶場におけるd_{z^2}軌道およびd_{xy}軌道と配位子との関係

造が反転対称性をもつため，g（gerade を表す）をつけて表す.

また，結晶場分裂の大きさ，すなわち，t_{2g} と e_g（あるいは t_2 と e）のエネルギー差を $10Dq$ と表すことが多い．図 5・3 と図 5・4 では八面体場と四面体場を区別するために，それぞれ，$10Dq(O_h)$，$10Dq(T_d)$ と書いた．ここで，O_h と T_d は，それぞれ正八面体，正四面体の対称性を表す点群の記号である.

例題 5・5: 結晶場安定化エネルギー   八面体の結晶場に存在する Fe^{3+} の電子配置とエネルギーについて，つぎの問いに答えよ.

1) 電子配置を (a) 結晶場が弱い場合と (b) 強い場合に分けて図示せよ．また，なぜそのような電子配置になるか，説明せよ.

2) それぞれの場合について結晶場安定化エネルギーを計算せよ.

解答   1) Fe^{3+} は $3d^5$ の電子配置をもつ．結晶場が弱い場合はフントの規則に従うため t_{2g} 軌道と e_g 軌道のいずれの準位も占めるが，結晶場が強いと e_g 軌道は相対的にエネルギーが高くなるため 5 個の電子はすべて t_{2g} 軌道を占める．これらを図示すると，図 5・6 のようになる.

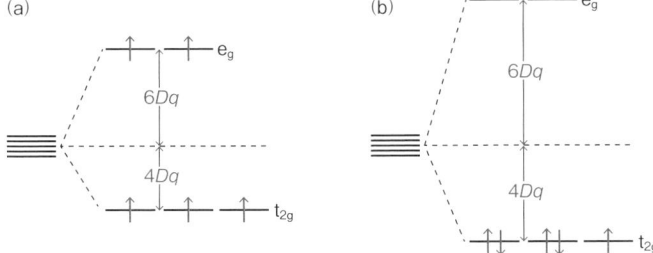

図 5・6   八面体結晶場が弱い場合 (a) および強い場合 (b) における Fe^{3+} の電子配置

2) (a) では t_{2g} 軌道に 3 個，e_g 軌道に 2 個の電子があるから，結晶場安定化エネルギーは，

$$E = (-4Dq) \times 3 + 6Dq \times 2 = 0$$

となり，(b) の場合には，5 個の電子はすべて t_{2g} 軌道に存在するから，結晶場安定化エネルギーは，

$$E = (-4Dq) \times 5 = -20Dq$$

となる.

解説　d 軌道の電子配置は結晶場の大きさとフントの規則によって決まり, 八面体配位の場合, 結晶場が弱いときには e_g 軌道のエネルギーがそれほど高くないためフントの規則が優先して, すべての電子がスピンの向きをそろえるように配置する. 一方, 結晶場が強ければ e_g 軌道のエネルギーが高くなり, この準位を占める電子は不安定になるため, フントの規則には従わず, 電子が t_{2g} 軌道から順番に入る. この場合, フントの規則に従わないことによるエネルギーの不安定化が生じる. これは 2 個の電子が対になることによるエネルギーの上昇に反映される. このエネルギーの上昇分を**対エネルギー**という. 対エネルギーを P とすれば, これを考慮したエネルギーは, 以下のように与えられる.

$$E = (-4Dq) \times 5 + 2P = -20Dq + 2P$$

例題 5・6: 高スピン状態と低スピン状態　　例題 5・5 の (a), (b) 二つの状態に対してスピン量子数を求め, 有効ボーア磁子数を計算せよ.

　　解答　　(a) では 5 個の電子がすべて同じ向きのスピンをもっているため, スピン量子数は $S = 5/2$ であり, 有効ボーア磁子数 p は,

$$p = 2\sqrt{S(S+1)} \tag{5・1}$$

より,

$$p = 2\sqrt{\frac{5}{2}\left(\frac{5}{2}+1\right)} = 5.92$$

と計算される. (b) では 3 個の電子のスピンが上向き, 2 個の電子のスピンが下向きであるため, スピン量子数は $S = 1/2$ となって, 有効ボーア磁子数は, $p = 1.73$ と計算できる.

　　解説　　錯体の中心に存在する遷移金属イオンや希土類イオンの磁気モーメントは電子の軌道運動とスピンに起因し, イオン 1 個あたりの磁気モーメントの大きさは,

$$\mu_J = g\sqrt{J(J+1)}\,\mu_B \tag{5・2}$$

で与えられる. ここで, μ_B はボーア磁子とよばれ, その値は,

$$\mu_B = 9.27 \times 10^{-24}\,\mathrm{J\,T^{-1}}$$

となる. J はイオンに存在するすべての電子の軌道角運動量とスピン角運動量を合成した全角運動量に関係し, 量子力学では J をその大きさとするベクトル $\boldsymbol{J}$ を用いて全角運動量が $\hbar\boldsymbol{J}$ で表される. $\hbar$ はプランク定数 h を 2π で割った定数である. また, g はランデ (Landé) 因子とよばれ, その値は全軌道角運動量量子数, 全スピン量子数, 全角運動量量子数で決まる.

　遷移金属イオンの場合，結晶場によって縮退がとけた d 軌道の軌道角運動量の平均値はゼロになることが知られている．これを**軌道角運動量の消失**といい，この現象のための全角運動量にはスピン S のみが寄与することになり，(5・2)式は，

$$\mu_S = 2\sqrt{S(S+1)}\,\mu_B \qquad (5\cdot3)$$

と書き換えられる．(5・2)式における $g\sqrt{J(J+1)}$ あるいは (5・3)式の $2\sqrt{S(S+1)}$ を**有効ボーア磁子数**という．

例題 5・7: 結晶場の大きさと光吸収スペクトル　　図 5・7 は Ti^{3+} を含む水溶液の光吸収スペクトルである．このスペクトルを用いて $[Ti(H_2O)_6]^{3+}$ の $10Dq$ を概算する手続きを述べよ．

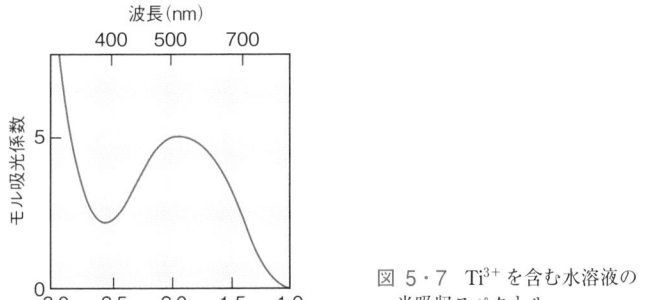

図 5・7　Ti^{3+} を含む水溶液の光吸収スペクトル

　解答　　Ti^{3+} は $3d^1$ の電子状態をもつため，t_{2g} 軌道と e_g 軌道のエネルギー差に相当する光が吸収される．光吸収スペクトルにおいてモル吸光係数が極大となる波数をもつ光が吸収されるから，この波数から計算されるエネルギーが $10Dq$ に相当する．

　解説　　$[Ti(H_2O)_6]^{3+}$ は八面体配位であるのでエネルギー準位は図 5・8 のようになって，t_{2g} を占める 1 個の電子が e_g 軌道に遷移する際に光が吸収されると，それがモル吸光係数の極大となって光吸収スペクトルに現れる．図 5・7 で極大を与える波数は $2.03 \times 10^4\ cm^{-1}$ であり，$83.6\ cm^{-1}$ が $1\ kJ\ mol^{-1}$ に相当するから，エネルギーに換算すると，

$$2.03 \times 10^4\ cm^{-1} \times \frac{1\ kJ\ mol^{-1}}{83.6\ cm^{-1}} = 243\ kJ\ mol^{-1} \qquad (5\cdot4)$$

となって，これが $[\mathrm{Ti(H_2O)_6}]^{3+}$ の $10Dq$ の値となる．

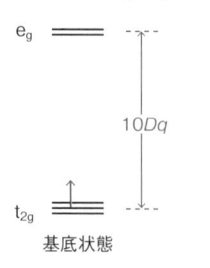

図 5・8　$[\mathrm{Ti(H_2O)_6}]^{3+}$ の 3d 軌道の
エネルギー準位と電子配置

例題 5・8: 分光化学系列　　つぎの錯体を $10Dq$ の大きいものから順に並べよ．

$\quad[\mathrm{Cr(H_2O)_6}]^{3+},\ [\mathrm{Cr(NH_3)_6}]^{3+},\ [\mathrm{CrF_6}]^{3-},\ [\mathrm{CrCl_6}]^{3-},\ [\mathrm{Cr(CN)_6}]^{3-}$

　　解答　　分光化学系列に基づいて，$10Dq$ の大きいものから順に，$[\mathrm{Cr(CN)_6}]^{3-}$，$[\mathrm{Cr(NH_3)_6}]^{3+}$，$[\mathrm{Cr(H_2O)_6}]^{3+}$，$[\mathrm{CrF_6}]^{3-}$，$[\mathrm{CrCl_6}]^{3-}$，となる．

　　解説　　例題にあげられている錯体の $10Dq$ の値（$10^4\,\mathrm{cm^{-1}}$）はつぎのとおりである．

$\quad[\mathrm{Cr(H_2O)_6}]^{3+}$: 1.74　　$[\mathrm{Cr(NH_3)_6}]^{3+}$: 2.155　　$[\mathrm{CrF_6}]^{3-}$: 1.49

$\quad[\mathrm{CrCl_6}]^{3-}$: 1.318　　$[\mathrm{Cr(CN)_6}]^{3-}$: 2.67

結晶場の分裂が小さいものから順に配位子を並べると，経験的に，

$\quad \mathrm{I^-} < \mathrm{Br^-} < \mathrm{S^{2-}} < \mathrm{SCN^-} < \mathrm{Cl^-} < \mathrm{NO_3^-} < \mathrm{F^-} < \mathrm{OH^-} < \mathrm{C_2O_4^{2-}} < \mathrm{H_2O} <$

$\quad \mathrm{NCS^-} < \mathrm{CH_3CN} < \mathrm{NH_3} < \mathrm{en} < \mathrm{bpy} < \mathrm{NO_2^-} < \mathrm{PPh_3} < \mathrm{CN^-} < \mathrm{CO}$

となることが知られている．これを**分光化学系列**という．

例題 5・9: Cu²⁺ の錯体　　$\mathrm{CuF_2}$ 結晶中で $\mathrm{Cu^{2+}}$ には 6 個のフッ化物イオンが配位しているが，Cu−F の結合距離は等価ではなく，六つの結合のうち，四つの結合距離は 193 pm，二つの結合距離は 227 pm である．このようになる理由を定性的に述べよ．

　　解答　　6 配位の $\mathrm{Cu^{2+}}$ の錯体はヤーン-テラー効果により正方変形して安定化する．このため，図 5・9 の構造において平面四角形をつくる四つのフッ化物イオンと $\mathrm{Cu^{2+}}$ との結合距離に比べて，この平面に垂直な方向の二つのフッ化物イオンと $\mathrm{Cu^{2+}}$ との結合距離は長くなる．

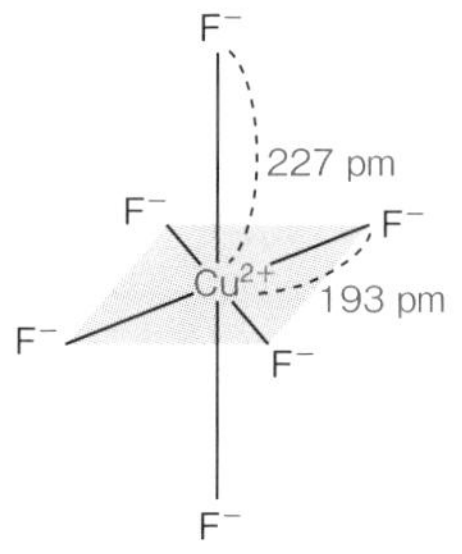

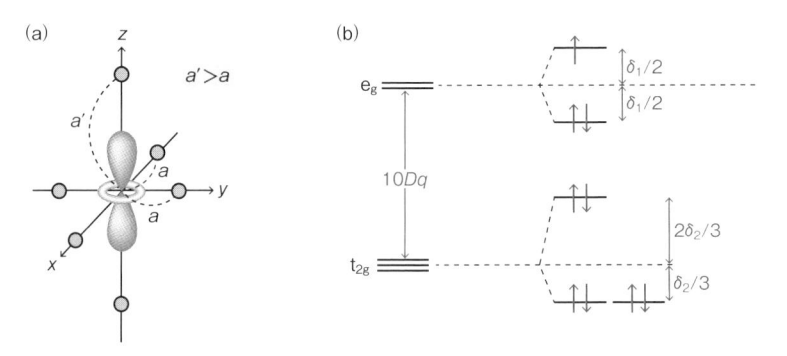

図 5・9　CuF$_2$ 結晶における Cu^{2+} の
配位構造

解説　　Cu^{2+} の電子配置は 3d^9 であるため，八面体結晶場では二つの e$_g$ 軌道を 3 個の電子が占める．このとき，図 5・10(a) のように z 軸上の配位子が相対的に Cu^{2+} から遠ざかると，d$_{z^2}$ 軌道の電子と配位子との反発力が小さくなり，この軌道のエネルギー準位は下がる．逆に d$_{x^2-y^2}$ 軌道のエネルギー準位は相対的に上がるが，この軌道に入る電子は 1 個しかないため，それよりエネルギーの低い d$_{z^2}$ 軌道に 2 個の電子が入ることで系は安定化する．つまり，エネルギー準位の相対的な位置と電子配置は図 5・10(b) のようになる．これは**ヤーン-テラー効果**の一種である．

図 5・10　ヤーン-テラー効果．(a) d$_{z^2}$ 軌道と配位子との関係，(b) d 軌道の
エネルギー準位

例題 5・10: 配位子場理論　　第 4 周期の遷移金属イオンに配位子が八面体配位した錯体における分子軌道のエネルギー準位図は，σ 結合のみを考慮すると図 5・11 のようになる．

1) 第 4 周期の遷移金属イオンの原子軌道のうち，分子軌道において（ア）a_{1g} 結合性軌道を形成するもの，（イ）t_{1u} 反結合性軌道を形成するもの，（ウ）非結合性軌道を形成するものの名称を述べよ．また，これらの分子軌道のエネルギー準位は図中の①〜⑦のどれに相当するか答えよ．

2) 錯体が $[Co(NH_3)_6]^{3+}$ である場合について，電子配置を示せ．また，結晶場理論の $10Dq$ に相当するエネルギー差を与える準位を示せ．

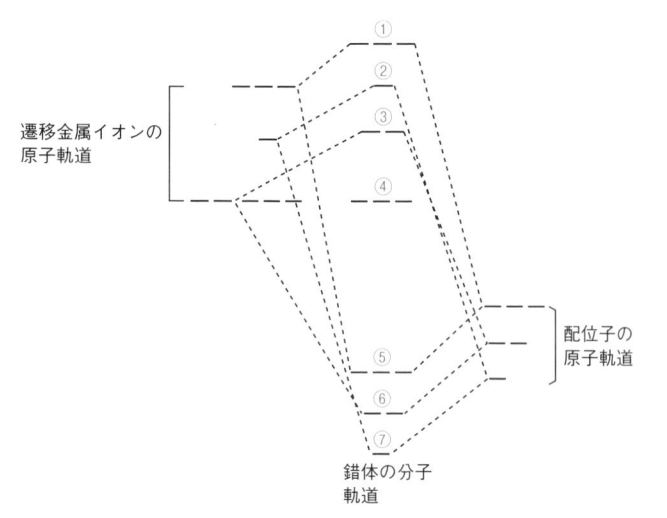

遷移金属イオンの
原子軌道

配位子の
原子軌道

錯体の分子
軌道

図 5·11   八面体錯体の分子軌道のエネルギー準位図（σ 結合のみを考慮）

解答 1)（ア）4s 軌道；⑦，（イ）4p 軌道；①，（ウ）t_{2g} 軌道；④

2) Co^{3+} の 3d 軌道の電子状態は $3d^6$ であり，4s 軌道と 4p 軌道は空である．6 個の配位子（アンモニア）からは 12 個の電子が結合に供給される．さらに，アンモニアは強い配位子場をつくるので，d 軌道の電子の配置はフントの規則に従わず，電子はまず，すべての t_{2g} 軌道を占める．よって，分子軌道における電子配置は図 5·12 に示したとおりとなる．

また，$10Dq$ は t_{2g} 非結合性軌道と e_g 反結合性軌道のエネルギー差に相当する．

解説   配位子の原子軌道と σ 結合の分子軌道（結合性軌道と反結合性軌道）をつくる遷移金属イオンの原子軌道は，s 軌道，p 軌道，および d 軌道のうちの e_g 軌道であり，t_{2g} 軌道は非結合性軌道となる．

6 個の配位子の原子軌道はまとめて**配位子群軌道**とよばれ，その対称性に応じて

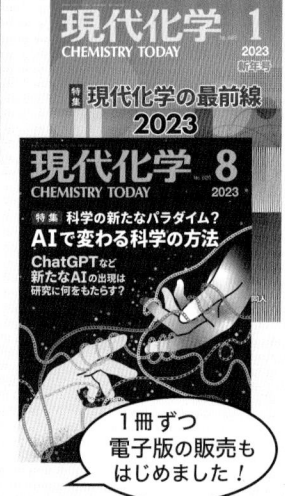

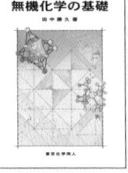

● 生 物 学

モリス 生 物 学: 生命のしくみ　定価 9900 円

スター 生 物 学（第 6 版）　定価 3410 円

初歩から学ぶ ヒト の 生 物 学　定価 2970 円

● 創 薬 化 学

バイオ医薬: 基礎から開発まで　定価 4840 円

次世代医薬とバイオ医療　定価 5390 円

● 基礎講義シリーズ（講義動画付）
アクティブラーニングにも対応

基礎講義 遺伝子工学 I・II　定価各 2750 円

基礎講義 分子生物学　定価 2860 円

基礎講義 生 化 学　定価 3080 円

基礎講義 生 物 学　定価 2420 円

基礎講義 物 理 学　定価 2420 円

基礎講義 天然物医薬品化学　定価 3740 円

● 数 学

スチュワート 微分積分学 I 〜 III（原著第 8 版）

　I．微積分の基礎　定価 4290 円

　II．微積分の応用　定価 4290 円

　III．多変数関数の微積分　定価 4290 円

基礎数学 III 線 形 代 数　定価 3080 円

基礎数学 IV 最適化理論　定価 3850 円

● コンピューター・情報科学

ダイテル Python プログラミング
　基礎からデータ分析・機械学習まで　定価 5280 円

Python 科学技術計算 物理・化学を中心に（第 2 版）　定価 5720 円

Python, TensorFlowで実践する 深層学習入門
　しくみの理解と応用　定価 3960 円

R で基礎から学ぶ 統 計 学　定価 4180 円

定価は 10 ％税込

女性が科学の扉を開くとき
偏見と差別に対峙した六〇年
NSF（米国国立科学財団）長官を務めた科学者が語る

リタ・コルウェル 著
シャロン・バーチュ・マグレイン

大隅典子 監訳／古川奈々子 訳／定価 3520 円

科学界の差別と向き合った体験をとおして，男女問わず科学のために何ができるかを呼びかける．科学への情熱が眩しい一冊．

月刊誌【現代化学】の対談連載より書籍化 第1弾
桝 太一が聞く 科学の伝え方

桝 太一 著／定価 1320 円

サイエンスコミュニケーションとは何か？どんな解決すべき課題があるのか？桝先生と一緒に答えを探してみませんか？

科学を正確に，いかにうまく伝えるか
サイエンスライティング超入門

石浦章一 著／定価 1980 円

長年，大学で「サイエンスライティング」の講義を担当してきた著者が，学生や研究者に必要なライティングのコツを紹介．

科学探偵 シャーロック・ホームズ

J. オブライエン 著・日暮雅通 訳／定価 3080 円

世界で初めて犯人を科学捜査で追い詰めた男の物語．シャーロッキアンな科学の専門家が科学をキーワードにホームズの物語を読み解く．

新版 鳥はなぜ集まる？ 群れの行動生態学

科学のとびら 65

上田恵介 著／定価 1980 円

臨機応変に維持される鳥の群れの仕組みを，社会生物学の知見から鳥類学者が柔らかい語り口でひもとくよみもの．

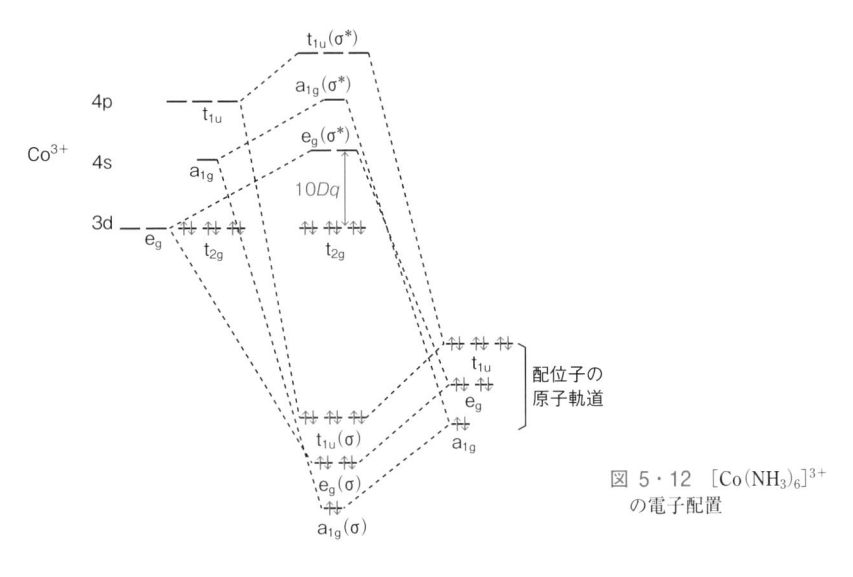

図 5・12 [Co(NH₃)₆]³⁺
の電子配置

遷移金属イオンの原子軌道と分子軌道（結合性軌道と反結合性軌道）をつくる．一例として遷移金属イオンの s 軌道および e_g 軌道と結合性軌道を形成する配位子群軌道を図 5・13 に示しておく．s 軌道の対称性は A_{1g} という記号で表され，これと同じ対称性をもつ配位子群軌道は a_{1g} 配位子群軌道とよばれる．

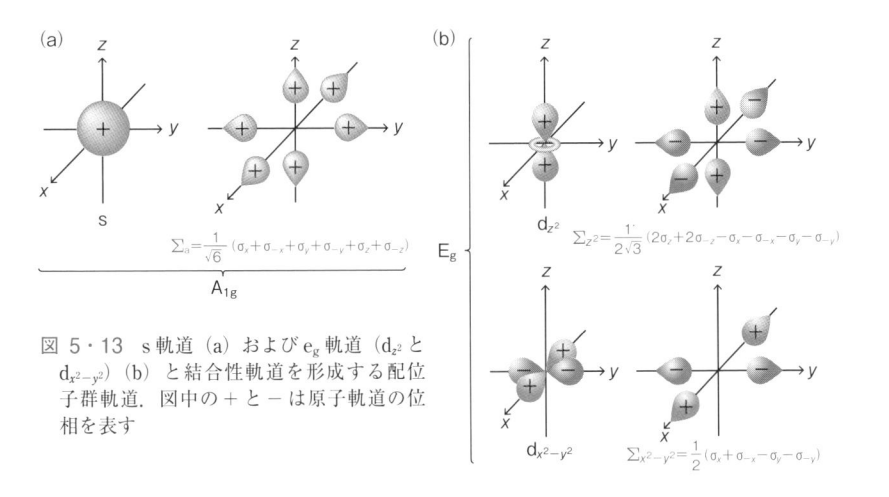

図 5・13 s 軌道（a）および e_g 軌道（d_{z^2} と $d_{x^2-y^2}$）（b）と結合性軌道を形成する配位子群軌道．図中の ＋ と － は原子軌道の位相を表す

例題 5・11: 田辺–菅野図　　八面体結晶場に置かれた V^{3+} の田辺–菅野図は図5・14のように表される。これについてつぎの問いに答えよ。

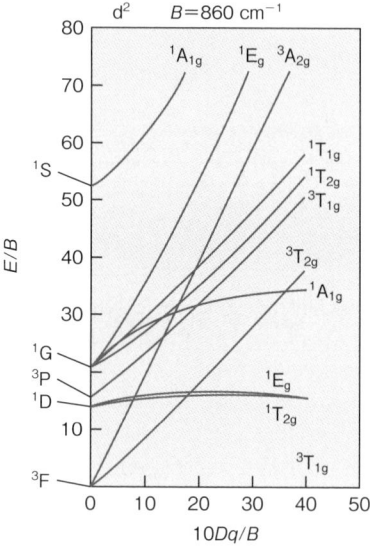

図 5・14　V^{3+} の田辺–菅野図

1) 項記号 ^3F はどのような電子状態を表しているか説明せよ。

2) 大きさが $10Dq = 1.72 \times 10^4 \, cm^{-1}$ の結晶場に V^{3+} が置かれているとき、基底状態から $^3T_{2g}$ 準位へ電子が遷移するために必要なエネルギーはどれだけか。

　解答　　1) 項記号の F は電子の軌道角運動量量子数が $L = 3$ であることを示し、^3F の左肩の数字の 3 は、$2S + 1 = 3$ よりスピン量子数が $S = 1$ であることを示している。

　2) ラカーパラメーターの値は $B = 860 \, cm^{-1}$ であるから、横軸で、

$$\frac{10Dq}{B} = \frac{1.72 \times 10^4 \, cm^{-1}}{860 \, cm^{-1}} = 20$$

となる位置において基底状態の $^3T_{1g}$ ($E/B = 0$) と励起状態の $^3T_{2g}$ とのエネルギー差を見積もると、$\Delta E/B = 18$ より、$\Delta E = 860 \, cm^{-1} \times 18 = 1.55 \times 10^4 \, cm^{-1}$ となる。

　解説　　田辺–菅野図は d 軌道に複数の電子が存在する遷移金属イオンを対象に、結晶場の大きさにともなうエネルギー準位の変化を描いたものである。電子間にはたらく相互作用はラカーパラメーターに反映される。ラカーパラメーターは

B, C などの記号で表される. 各エネルギー準位は ^3F などの項記号を用いて表現される. 項記号には電子の軌道角運動量量子数とスピン量子数の情報が含まれる. 自由イオンが結晶場の影響を受けた場合, もとの自由イオンのエネルギー準位が縮退していれば, 結晶場によってエネルギー準位は分裂する. たとえば, ^3F 準位は八面体結晶場により $^3T_{1g}$, $^3T_{2g}$, $^3A_{2g}$ の三つの準位に分かれる.

なお, (5・4)式を用いれば, 上で求めた $\Delta E = 1.55 \times 10^4 \, \mathrm{cm}^{-1}$ は $185 \, \mathrm{kJ \, mol}^{-1}$ に相当することがわかる.

例題 5・12: 錯体の構造　　　$[CuCl_5]^{3-}$ は三方両錐形の構造をとる. この構造を描き, 五つの Cu–Cl 結合の距離の相異を混成軌道の観点から定性的に説明せよ.

　解答　　構造は図5・15のようになる.

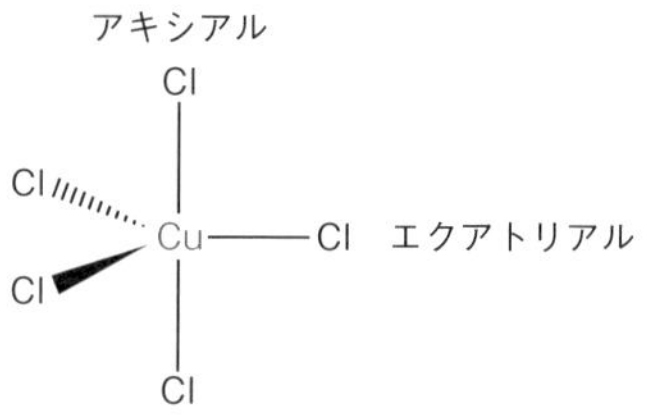

図 5・15　$[CuCl_5]^{3-}$ の構造

　五つの Cu–Cl 結合のうち, 上下二つのアキシアル結合には dp 混成軌道が寄与し, これらに垂直な三つのエクアトリアル結合には sp^2 混成軌道が寄与するため, アキシアル結合とエクアトリアル結合とで長さが異なる.

解説　　$[CuCl_5]^{3-}$ の三方両錐形構造において, アキシアル位置の Cl^- は Cu^{2+} を挟んで直線的に並び, Cu–Cl の結合距離は 229.6 pm である. 一方, エクアトリアル位置の Cl^- は正三角形の構造をつくり, Cu–Cl の結合距離は 239.1 pm となる.

例題 5・13: 錯体の反応　　　水溶液中の金属イオン M に配位子 L が結合する反応はつぎのように進む. ただし, 簡単のため金属イオンや配位子の価数と配位している水分子は省略した.

$$M + L \rightleftharpoons [ML] \tag{5・5}$$

$$[ML] + L \rightleftharpoons [ML_2] \tag{5・6}$$

$$[ML_2] + L \rightleftharpoons [ML_3] \tag{5・7}$$

$$\vdots$$

$$[\mathrm{ML}_{n-1}] + \mathrm{L} \rightleftharpoons [\mathrm{ML}_n] \tag{5・8}$$

これらの反応の平衡定数を $K_1, K_2, K_3, \cdots, K_n$ とおけば，一般に，

$$K_1 > K_2 > K_3 > \cdots > K_n \tag{5・9}$$

である．理由を述べよ．

解答　(5・5)式および (5・8)式の反応は，

$$[\mathrm{M(H_2O)}_n] + \mathrm{L} \rightleftharpoons [\mathrm{M(H_2O)}_{n-1}\mathrm{L}] + \mathrm{H_2O} \tag{5・10}$$

$$[\mathrm{M(H_2O)L}_{n-1}] + \mathrm{L} \rightleftharpoons [\mathrm{ML}_n] + \mathrm{H_2O} \tag{5・11}$$

と書ける．(5・10)式は M に配位している n 個の水分子から 1 個の水分子が抜ける反応であり，(5・11)式は $[\mathrm{M(H_2O)L}_{n-1}]$ に存在する唯一の水分子が結合を切って出ていく反応であるから，反応が起こる確率を交換可能な水分子の数から考えると，後者は前者よりも起こりにくい．また，(5・11)式では，新たな配位子が錯イオンに近づくとき，静電的に不利になる．このため，反応の平衡定数 $K_1, K_2, K_3, \cdots, K_n$ に対して $K_1 > K_2 > K_3 > \cdots > K_n$ が成り立つ．

解説　全体の反応をまとめると，

$$\mathrm{M} + n\mathrm{L} \rightleftharpoons [\mathrm{ML}_n] \tag{5・12}$$

と書くことができる．この反応の平衡定数は，

$$\beta_n = \frac{[\mathrm{ML}_n]}{[\mathrm{M}][\mathrm{L}]^n} = K_1 K_2 K_3 \cdots K_n \tag{5・13}$$

となる．ここでの [　] は各化学種の濃度を表す．$K_1, K_2, K_3, \cdots, K_n$ を**逐次安定度定数**，β_n を**全安定度定数**という．

例題 5・14: トランス効果　　$[\mathrm{PtCl_2(NH_3)_2}]$ は，(a) $[\mathrm{PtCl_3NH_3}]^-$ の Cl^- が $\mathrm{NH_3}$ と置換する反応，および，(b) $[\mathrm{PtCl(NH_3)_3}]^+$ の $\mathrm{NH_3}$ が Cl^- と置換する反応で生じる．それぞれの反応で生成する $[\mathrm{PtCl_2(NH_3)_2}]$ の幾何異性に関して相違点を説明し，なぜ，違いが現れるかを簡潔に述べよ．

解答　(a) の反応ではシス異性体のみが生じ，(b) の反応ではトランス異性体のみが生じる．いずれの反応でも Cl^- のトランス位の配位子が置換されるため，このような違いが生じる．

解説　(a) および (b) の反応はつぎのように書くことができる．

(a)

$$\begin{bmatrix} \mathrm{Cl} & & \mathrm{NH_3} \\ & \mathrm{Pt} & \\ \mathrm{Cl} & & \mathrm{Cl} \end{bmatrix}^- + \mathrm{NH_3} \longrightarrow \begin{bmatrix} \mathrm{Cl} & & \mathrm{NH_3} \\ & \mathrm{Pt} & \\ \mathrm{Cl} & & \mathrm{NH_3} \end{bmatrix} + \mathrm{Cl}^- \tag{5・14}$$

(b)
$$\begin{bmatrix} NH_3 & & Cl \\ & Pt & \\ NH_3 & & NH_3 \end{bmatrix}^+ + Cl^- \longrightarrow \begin{bmatrix} NH_3 & & Cl \\ & Pt & \\ Cl & & NH_3 \end{bmatrix} + NH_3 \qquad (5\cdot15)$$

このようにある特定の配位子のトランス位が優先的に置換反応を受ける現象を**トランス効果**という．この効果が大きい配位子を順に並べると，

$$CN,\ CO,\ NO,\ H > CH_3,\ SC(NH_2)_2,\ SR_2,\ PR_3 > SO_3H > NO_2,\ I,\ SCN >$$
$$Br > Cl > py > RNH_2,\ NH_3 > OH > H_2O$$

となる．

例題 5・15: 水分子の交換反応　　八面体型をとる金属イオンのアクア錯体における水分子の交換反応

$$M(H_2O)_x{}^{m+} + H_2O^* \rightleftharpoons M(H_2O^*)(H_2O)_{x-1}{}^{m+} + H_2O$$

について以下の問いに答えよ．ここで H_2O^* は溶媒の水分子を表す．

1) M がアルカリ金属イオンやアルカリ土類金属イオンである場合の反応速度の違いをイオン半径に基づいて考察せよ．

2) M が Cr^{2+} および Cr^{3+} である場合，前者のほうが反応速度が速くなる理由を簡潔に述べよ．

解答　　図 5・16 にさまざまな金属イオンのアクア錯体における水分子交換反応

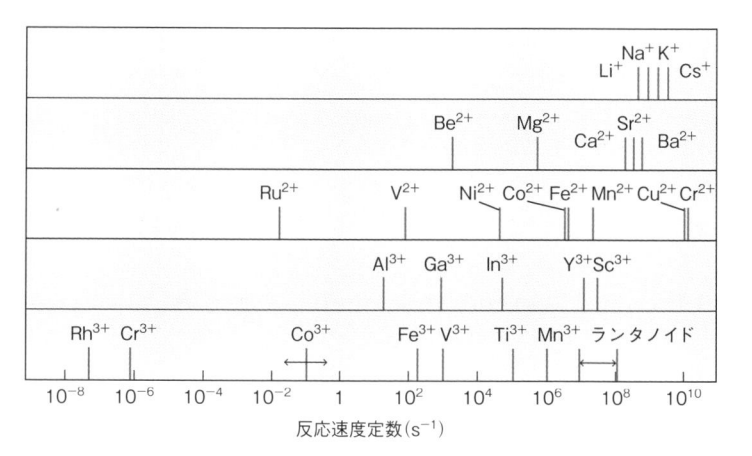

図 5・16　さまざまな金属イオンのアクア錯体における水分子交換反応の反応速度定数

の反応速度定数を示した. 反応速度定数は Cr^{2+} や Cu^{2+}, およびアルカリ金属イオンやアルカリ土類金属イオンの $10^8\,s^{-1}$ 以上から Rh^{3+} や Cr^{3+} の $10^{-6}\,s^{-1}$ 以下まで非常に幅広く分布している.

1) アルカリ金属イオンやアルカリ土類金属イオンでは, イオン半径が小さいほど H_2O 分子との静電的な引力が強くなるため, 反応速度は遅くなる.

2) Cr^{2+} の反応速度が速い理由は, ヤーン-テラー効果により四角形平面の上下に伸びた位置を占める H_2O 分子と中心金属イオンとの結合が弱いためである. 一方, Cr^{3+} のように八面体場によって安定化される遷移金属イオンの反応速度は遅くなる. また, Cr^{3+} では H_2O の酸素原子からの π 電子の供与による安定化もあるため, 反応速度定数はきわめて小さくなる.

解説　　　以上のように配位子置換反応の速度は金属イオンによって異なる. 大まかではあるが, 反応速度定数が $1\,s^{-1}$ より大きな金属イオンを**置換活性**, それより小さなものを**置換不活性**という. このような分類は金属イオンの置換反応速度の傾向を知るうえで有意義である. ただし, 置換反応速度は配位子の種類などによっても影響を受けることに注意されたい.

練 習 問 題

5・1　[CoCl₃(NH₃)₃] の幾何異性体の立体構造を図示し, 幾何異性体の名称を述べよ.

5・2　[Co(en)₃]³⁺ には鏡像異性体（光学活性な異性体）が存在する. その構造を図示せよ.

5・3　つぎの名称をもつ化合物を化学式で表せ.

a) テトラフルオリド臭素(Ⅲ)酸バリウム

b) (η^6-ベンゼン)トリカルボニルクロム(0)

c) エチレンジアミンテトラアセタトコバルト(Ⅲ)酸カリウム

d) ビス(μ-硫化ジメチル)-ビス[ジブロミド白金(Ⅱ)]

e) テトラクロリド白金(Ⅱ)酸テトラキス(ピリジン)白金(Ⅱ)

5・4　次ページの図は, 2価の金属イオン M^{2+} が八面体配位のアクア錯体をつくる反応

$$M^{2+}(g) + 6H_2O(l) \longrightarrow [M(H_2O)_6]^{2+}(aq)$$

のエンタルピー変化（水和エンタルピー）を, 各金属イオンに対してプロットしたものである. 図のような変化が見られる理由を説明せよ.

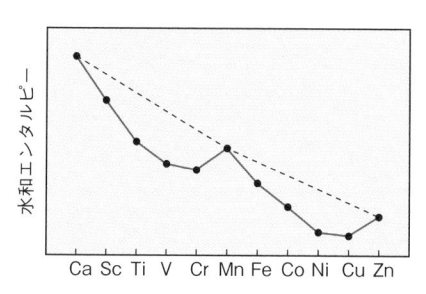

5・5　3種類の錯体, $[\mathrm{Co(NH_3)_6}]^{3+}$, $[\mathrm{Rh(NH_3)_6}]^{3+}$, $[\mathrm{Ir(NH_3)_6}]^{3+}$ の Dq の値は, それぞれ $2.29 \times 10^3\,\mathrm{cm^{-1}}$, $3.41 \times 10^3\,\mathrm{cm^{-1}}$, $4.1 \times 10^3\,\mathrm{cm^{-1}}$ である. この違いを定性的に説明せよ.

5・6　つぎの遷移金属イオンが八面体配位の錯体をつくる場合, 高スピン状態と低スピン状態に対して有効ボーア磁子数を計算せよ.

a) $\mathrm{Cr^{3+}}$, b) $\mathrm{Mn^{2+}}$, c) $\mathrm{Fe^{2+}}$

5・7　$[\mathrm{Ni(CN)_4}]^{2-}$ は反磁性であるが, $[\mathrm{NiCl_4}]^{2-}$ は常磁性である. この事実を結晶場理論に基づいて説明せよ.

5・8　2種類の化合物 $[\mathrm{Co(NO_2)(NH_3)_5}]\mathrm{Cl_2}$ と $[\mathrm{Co(ONO)(NH_3)_5}]\mathrm{Cl_2}$ の色は, 前者が黄色, 後者が赤色である. 色の違いが観察される理由を定性的に述べよ.

5・9　1) ホスフィンおよび 2) フッ化物イオンが遷移金属イオンと配位結合する錯体を対象に, π結合の効果を考慮した分子軌道のエネルギー準位図を描け. これらの配位子が強い結晶場を与えるか, 弱い結晶場を与えるかを論じよ.

5・10　つぎの構造をもつ錯体の具体例をあげ, 構造を図示せよ.

a) 平面三角形, b) 四方錐, c) 五方両錐, d) 面冠三角柱

5・11　錯体の電子移動反応における外圏型機構と内圏型機構について, 例を示しながら簡潔に説明せよ.

5・12　錯イオン *trans*-$[\mathrm{CrCl(NCS)(NH_3)_4}]^+$ について, つぎの問いに答えよ.

1) この錯イオンに含まれる3種類の配位子を強い配位子場を与える順番に並べよ.

2) アダムソンの規則に基づき, この錯イオンを含む水溶液に光を照射したときに生じると考えられる錯イオンを答えよ.

6

固 体 化 学

　無機固体が示すさまざまな性質は，固体を構成する**元素の種類**やその**結合状態**，さらには**原子の配列**によって決まる．科学技術の進展には新たな機能を有する新規固体材料の開発が不可欠であり，材料の機能設計における固体化学の役割はますます重要になってきている．

　固体化学は固体物質の合成法や結晶構造，物理的・化学的性質を体系化した領域であり，特に**電気的，磁気的，光学的**諸性質を物質の**結晶構造**と関連して理解する視点が材料設計を進めるうえで重要である．固体物質は無数の原子により構成されているが，大部分の固体物質では原子は三次元空間内に規則性をもって配列している．X 線結晶学の発展によって，固体物質中の原子配列を理解できるようになった．結晶構造の理解は固体化学の全領域の基礎となるもので，本章では結晶の幾何学に重点を置きながら，固体物質の物性発現のしくみについて学ぶ．格子欠陥の生成や，固溶体形成による物性変化，機能発現なども固体化学の取扱う重要な領域である．例題や練習問題を通じて理解を深めてもらいたい．

例題 6・1: 結晶の幾何学 1（ブラッグの法則）　　結晶は原子の周期的配列からなり，互いに等価な格子面の間隔は一定である．この面にある角度 θ で X 線を入射したとき，結晶中の距離 d だけ離れた二つの格子面から反射された X 線（波長: λ）が互いに強め合う条件を示せ．

　解答　　図 6・1 において，互いに距離 d だけ隔てられた二つの格子面で反射した X 線の通過距離の差（光路差）は $2d \sin\theta$ である．これが X 線の波長の整数倍で

あれば，二つの格子面で反射されたX線の位相が一致するので，互いに強め合う．

$$2d \sin\theta = n\lambda \quad （n は正の整数） \tag{6・1}$$

これを**ブラッグの法則**という．

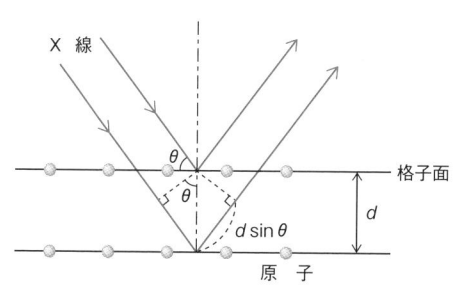

図 6・1 結晶によるX線の回折（ブラッグ反射）

例題 6・2: 結晶の幾何学 2（ミラー指数）　　立方晶系格子におけるミラー指数 (100)，(111)，(210)，(311) の格子面を描け．

解答　　格子定数が a, b, c の結晶において，その座標軸を $(a/h, 0, 0)$，$(0, b/k, 0)$，$(0, 0, c/l)$ で切る面を**ミラー指数** (hkl) で表す．したがって，立方格子の (100)，(111)，(210)，(311) 面は図 6・2 で示される．

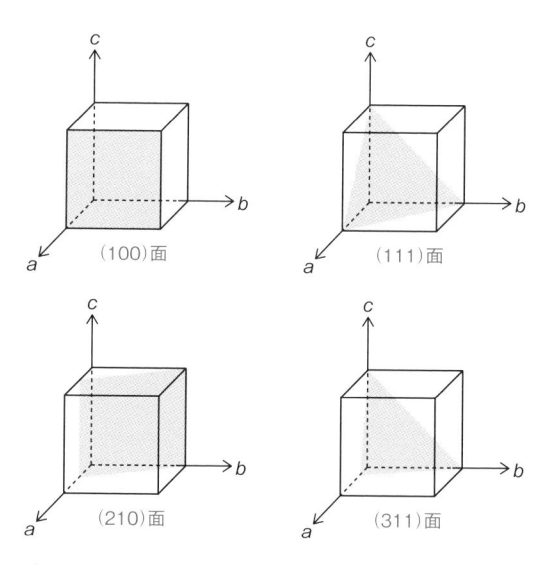

図 6・2 立方格子における格子面

例題 6・3: 結晶の幾何学 3（X 線回折）　　CuK$_\alpha$ 線（波長 $\lambda = 0.15405$ nm）を用いて立方晶系の CsCl の X 線回折図形を測定したところ，$2\theta = 30.60°$ に（110）面の回折ピークが観測された．CsCl の格子定数を求めよ．

　　解答　　（110）面の間隔は，ブラッグの反射式 $2d \sin\theta = \lambda$ より，$d_{110} = 0.29215$ nm となる．直交座標系では面間隔と格子定数，ミラー指数との間には（6・2）式が成り立つ．

$$\frac{1}{d_{hkl}^2} = \frac{h^2}{a^2} + \frac{k^2}{b^2} + \frac{l^2}{c^2} \tag{6・2}$$

よって，立方晶では（6・3)式の関係が得られる．

$$d_{hkl} = \frac{a}{\sqrt{h^2 + k^2 + l^2}} \tag{6・3}$$

したがって，0.29215 nm $= a/\sqrt{1^2 + 1^2 + 0^2}$ より，CsCl の格子定数は $a = 0.413$ nm となる．

例題 6・4: 結晶の幾何学 4（半径比則）　　陽イオンの半径を r_C，陰イオンの半径を r_A としたとき，八面体 6 配位の限界半径比を求めよ．

　　解答　　イオン結晶では，陽イオンと陰イオンは静電的な力で結合する．八面体 6 配位構造では，同一平面状のイオンの配列は図 6・3 のようになり，(b) が限界半径比を与える．このとき，$2(r_C + r_A) = 2\sqrt{2}\,r_A$ の関係にあるから，$r_C/r_A = 0.414$ が導かれる．

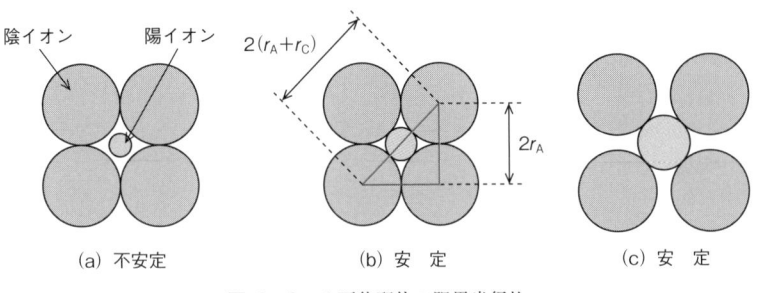

図 6・3　八面体配位の限界半径比

解説　　同様に平面 3 配位，四面体 4 配位，立方体 8 配位の限界イオン半径を求めることができる（表 6・1）．イオン半径比はイオン結晶の構造や配位環境の推

測の指標として役立つ.

表 6・1　陽イオンの配位環境と限界イオン半径比

配位環境	配位数	限界イオン半径比 (r_C/r_A)
直　線	2	—
平面三角形	3	0.155（～0.225）
四面体	4	0.225（～0.414）
八面体	6	0.414（～0.732）
立方体	8	0.732（～1.00）
最密充填	12	1.00

例題 6・5: 結晶構造 1（理論密度の計算）　　塩化ナトリウム型構造の単位格子には陽イオンおよび陰イオンが何原子含まれるか. また, 塩化ナトリウム型構造の MgO の室温における格子定数は $a = 0.420$ nm である. MgO の密度を求めよ.

　　解答　　塩化ナトリウム型構造（図 6・4）の単位格子には, 陽イオンは体心位置に 1 原子, 12 個の稜（辺）の中心に 1/4 原子ずつ含まれるので, $1 + 12 \times (1/4) = 4$ 原子, 陰イオンは八つの頂点に 1/8 原子ずつ, 六つの面心位置に 1/2 原子ずつ含まれるので, $8 \times (1/8) + 6 \times (1/2) = 4$ 原子となる.

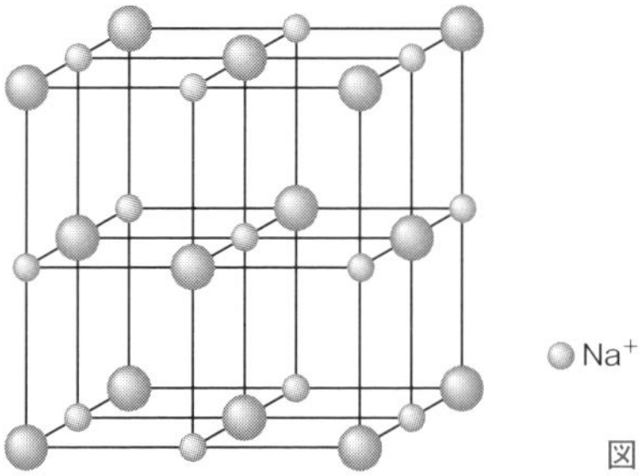

Na$^+$　　Cl$^-$

図 6・4　塩化ナトリウム型構造

　　MgO 結晶では $a = 0.420$ nm の単位格子に MgO（式量 $M = 40.30$）が 4 分子含まれる（単位格子あたりの化学式数 $Z = 4$）ので, 密度 D は,

$$D = \frac{MZ}{N_A \times a^3} = \frac{40.30\ \text{g} \times 4}{6.02 \times 10^{23} \times (0.420 \times 10^{-7}\ \text{cm})^3} = 3.61\ \text{g cm}^{-3}$$

例題 6・6: 結晶構造 2（最密充塡構造と金属結合半径）　金の結晶は面心立方構造（立方最密充塡構造）であり，その密度は 19.3 g cm^{-3} である．原子を球とみなしたとき，その半径を求めよ．

　解答　　面心立方構造であるから，単位格子中に金原子は 4 個含まれる．格子定数を a nm とすると，例題 6・5 と同様に，

$$a = \sqrt[3]{\frac{MZ}{N_A D}} = \sqrt[3]{\frac{197.0 \text{ g} \times 4}{6.02 \times 10^{23} \times 19.3 \text{ g cm}^{-3}}} \times 10^7 = 0.408 \text{ nm}$$

金原子間の距離は立方体の面の対角線長さの半分で与えられるから，金原子の半径を r_{Au} とすると，

$$r_{Au} = 0.408 \text{ nm} \times \frac{\sqrt{2}}{2} \div 2 = 0.144 \text{ nm}$$

解説　　最密充塡構造の金属結晶では，隣接原子間距離から金属結合半径を求めることができ，これを**ゴールドシュミット**（Goldschmidt）**の金属結合半径**（12配位半径）とよぶ．

例題 6・7: 結晶構造 3（ペロブスカイト型構造）　　ペロブスカイト型構造は，ABX$_3$ 組成の代表的な結晶構造の一つである．陽イオン A, B, 陰イオン X のイオン半径を r_A, r_B, r_X としたとき，理想的な立方晶ペロブスカイト型構造では，r_A, r_B, r_X の間にどのような幾何学的条件が成立するか．

　解答　　ペロブスカイト型構造は，BX$_6$ 八面体が互いに頂点を共有して結晶の三つの軸方向に連なった構造であり，A イオンは 12 個の X イオンに囲まれた空隙を埋める．イオン結晶では陽イオンと陰イオンは接触するので，理想的なペロブスカイト型構造では，図 6・5 に示すように，(100)面，(200)面においてつぎの関係にあることがわかる．

$$r_A + r_X = \frac{a}{\sqrt{2}} \tag{6・4}$$

$$r_B + r_X = \frac{a}{2} \tag{6・5}$$

したがって，両式から，

$$r_A + r_X = \sqrt{2}\,(r_B + r_X) \tag{6・6}$$

が導かれる．

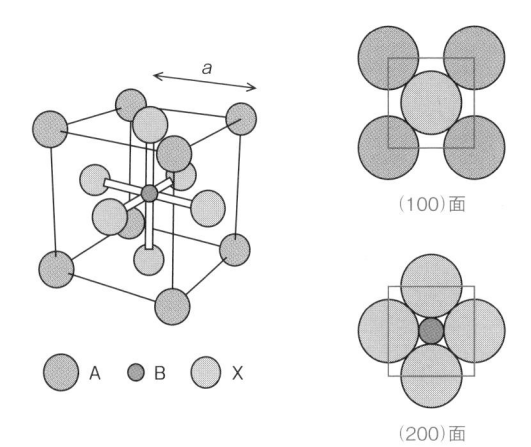

図 6・5　ペロブスカイト型構造

解説　　ゴールドシュミットはペロブスカイト型構造の対称性を論じるため，(6・6)式の幾何学的因子を考え，(6・7)式の許容因子を導入した．

$$t = \frac{r_A + r_X}{\sqrt{2}\,(r_B + r_X)} \tag{6・7}$$

理想的には $t=1$ であるが，ペロブスカイト型構造が安定である領域は $0.78 < t < 1.05$ とされる．

例題 6・8: 結晶構造 4（スピネル型構造）　　正スピネル型構造の $MgAl_2O_4$ と逆スピネル型構造の $MgFe_2O_4$ における四面体位置と八面体位置の陽イオン分布を示せ．

解答　　スピネル型構造（図 6・6）には，四面体位置と八面体位置の 2 種類の陽イオン位置がある．スピネル型構造の $A^{2+}B_2^{3+}O_4$ のうち，四面体位置を 2 価の陽イオンが占めるものを正スピネル，3 価の陽イオンのうちの半数が占めるものを逆スピネルという．したがって陽イオン分布は，

　　　　　$MgAl_2O_4$：四面体位置 Mg^{2+}，八面体位置 $2Al^{3+}$
　　　　　$MgFe_2O_4$：四面体位置 Fe^{3+}，八面体位置 $Mg^{2+} + Fe^{3+}$

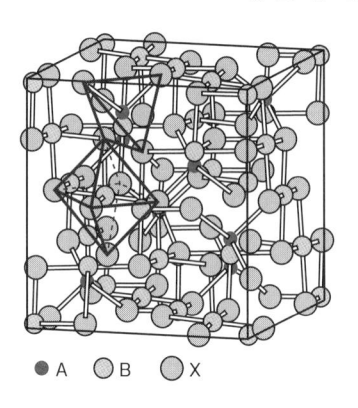

図 6・6　スピネル型構造
（正スピネル）

● A　◐ B　◯ X

例題 6・9: 格子欠陥 1（結晶の不完全性）　　実在する結晶には，正規の位置に原子が存在しなかったり（空格子点），格子間の位置に原子が存在（格子間原子）するなど，さまざまな格子欠陥が生じている．この理由を，欠陥生成にともなう自由エネルギー変化の視点から説明せよ．

　解答　　格子欠陥が生成する際の自由エネルギー変化は $\Delta G = \Delta H - T\Delta S$ で表される．完全結晶に格子欠陥を生成させるには，生成エンタルピー ΔH が必要になる．他方，格子欠陥が生成しうる格子点は結晶中に非常にたくさん存在するので，欠陥生成にともなうエントロピー ΔS は増大する．このエントロピーの増加はかなり大きいため，図 6・7 に示すように，自由エネルギー変化 ΔG は欠陥生成にともない当初は減少し，その結果，ある程度の欠陥を含む結晶の方が平衡状態では安定に存在できる．

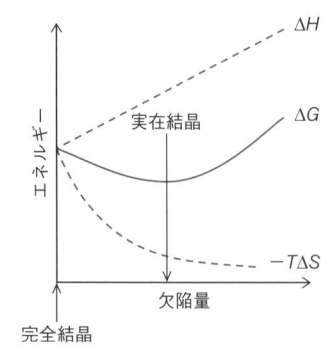

図 6・7　格子欠陥生成にともなう
自由エネルギー変化

例題 6・10: 格子欠陥 2（イオン結晶における定比性の欠陥）　イオン結晶におけるショットキー欠陥とフレンケル欠陥を図示し，簡潔に説明せよ．

　　解答　**ショットキー欠陥**は近傍にある陽イオンと陰イオンが対になって欠損したものである（図 6・8(b)）．**フレンケル欠陥**はどちらかのイオンが正規の位置から離れ，格子間位置に入り込んだものである（図 6・8(c)）．

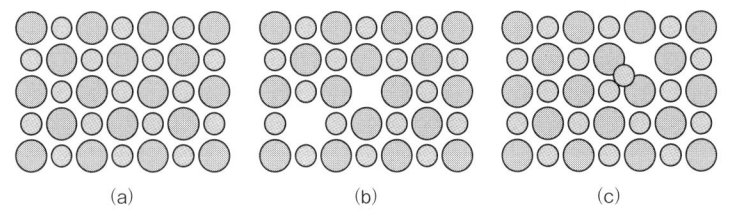

(a)　　　　　　　　(b)　　　　　　　　(c)

図 6・8　イオン結晶における固有欠陥．(a) 完全結晶，(b) ショットキー欠陥，(c) フレンケル欠陥

解説　塩化ナトリウム型構造のイオン結晶のなかでも，AgCl では Ag^+ が格子間位置を占めるフレンケル欠陥が生成する．一方，イオン性の強い NaCl では陽イオン同士が接近するフレンケル欠陥は生じにくく，ショットキー欠陥が主である．

例題 6・11: 固溶体 1（置換型固溶体と侵入型固溶体）　異種原子が母体の結晶構造を変えることなく溶け込んだ固体を**固溶体**という．置換型固溶体と侵入型固溶体の違いを述べよ．

　　解答　ある結晶構造における格子点にある原子が，まったく不規則に異なる原子によって置換された固体を**置換型固溶体**という．一方，母体結晶中の格子間のすき間（格子間位置）を比較的小さい原子が占有してできた固溶体を**侵入型固溶体**という．

解説　図 6・9 に置換型固溶体と侵入型固溶体の模式図を示した．

二成分系で任意の割合で置換型固溶体ができる場合を**全率固溶**とよぶ．全率固溶体ができるためには，1) 両端成分の結晶構造が同じく，2) 原子サイズの差が小さく（一般には 15 % 以内），かつ 3) 電気陰性度の差が小さい必要がある．侵入型固溶体の代表的なものには，金属結晶の格子間位置に H, B, C, N などの小さな原子が入り込んでできた水素化物，ホウ化物，炭化物，窒化物がある．

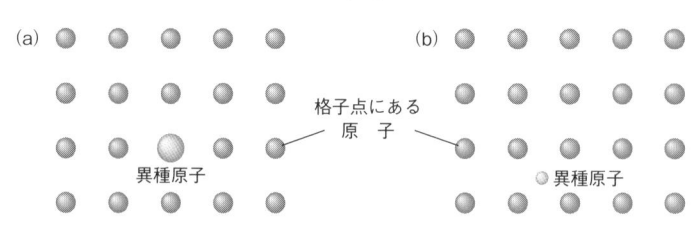

図 6・9　置換型固溶体（a）および侵入型固溶体（b）の模式図

例題 6・12: 固溶体 2（固溶による格子欠陥生成）　　純粋な酸化ジルコニウム（ZrO_2）は室温で単斜晶系構造であるが，CaO や Y_2O_3 などを固溶すると高温相である立方晶ホタル石型構造が安定化される．ZrO_2 に CaO を部分固溶した固溶体の化学式を示せ．

　解答　　電気的中性条件を満たすには，i）O^{2-} イオンの空格子点生成，ii）格子間位置への Ca^{2+} イオンの侵入の二つの場合が考えられ，化学式はそれぞれ，i）$Zr_{1-x}Ca_xO_{2-x}$，ii）$(Zr_{1-x}Ca_{2x})O_2$ で表される．

　解説　　密度測定によって，どちらの機構か判定できる．ZrO_2 では実際には i）の機構で空格子点が生成し（図 6・10），空格子点を介して O^{2-} イオンが移動できる．このため固溶体は高温で高い酸化物イオン導電性を示し，酸素センサーや固体電解質に用いられる．

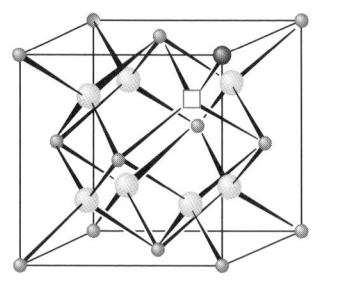

◉ Zr　◯ O　◉ Ca　□ 空格子点

図 6・10　ZrO_2 格子中に CaO を固溶してできた空格子点

例題 6・13: 単結晶と多結晶　　酸化アルミニウム（Al_2O_3）の単結晶はサファイアとよばれ，透明な宝石として知られている．他方，多結晶体は白色のセラ

ミックスでルツボや碍子に用いられる. 単結晶と多結晶の作製法の違いを述べよ.

　解答　　**単結晶**は全体が単一の結晶からできた固体であり, その一端から他端まで原子の配列が整然と保たれている. 融点以上に加熱した融液に種結晶を接触させ, 徐々に冷却することによって結晶成長させてつくる. 一方, **多結晶**は微細な結晶粒の集合体であり, 粉末を融点以下の高温で焼き固める (**焼結**) ことによって得られる.

　解説　　単結晶育成法の代表的なものにチョクラルスキー法があり, 融液に接触させた種結晶棒を回転させながら引き上げることによって, 大型の単結晶を育成できる. シリコン半導体単結晶もこの方法でつくられる.

　例題 6·14: 非晶質固体　　一般に液体は冷却するとある温度 (融点または凝固点) で結晶に相転移し, 体積は不連続に減少する. しかし, 液体を急冷した際には融点においても凝固せず, 過冷却状態を経てガラスを生成することがある. これら二つの場合の体積と温度の関係 (冷却曲線) を図示せよ. ただし, 縦軸に体積, 横軸に温度をとり, 融点 T_m およびガラス転移温度 T_g もあわせて示せ.

　解答　　図6·11のようになる.

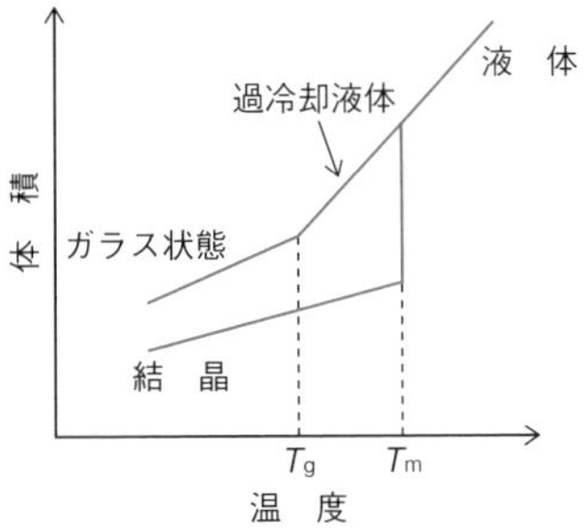

図 6·11　液体の冷却過程における体積と温度の関係. T_m は融点, T_g はガラス転移温度

　解説　　液体が急冷されると, 融点 (凝固点) において原子や分子が再配列する十分な時間がないため, 融点以下でも液体状態で存在する (過冷却液体). さらに温度を下げると原子や分子の並進運動が非常に緩慢になり, 最終的には運動が停止して準安定状態であるガラスになる. 過冷却液体がガラスに変化する温度を**ガラス転移温度**とよぶ.

例題 6・15: 固体のバンド構造　　金属，半導体，絶縁体のエネルギーバンド構造を示し，その電気伝導性を論ぜよ.

　解答　　バンド構造を図6・12に示す. 金属ではエネルギーの低いバンド（価電子帯）がすべて電子で満たされ，高いエネルギー位置にあるバンド（伝導帯）は一部が電子に占有されている. 伝導帯には電子の占める準位と空の準位が存在し，そのエネルギー差が小さいことから，電子は空の準位を移動して導電性に寄与する. 一方，絶縁体では価電子帯は完全に電子によって占有され，伝導帯には電子は存在しない. 価電子帯と伝導帯のエネルギーギャップ（E_g）は大きく，電子は移動できない. 半導体も絶縁体と同様のバンド構造であるが，E_g が絶縁体に比べ小さいので，熱エネルギーにより価電子帯の電子が伝導帯に励起され導電性を示す.

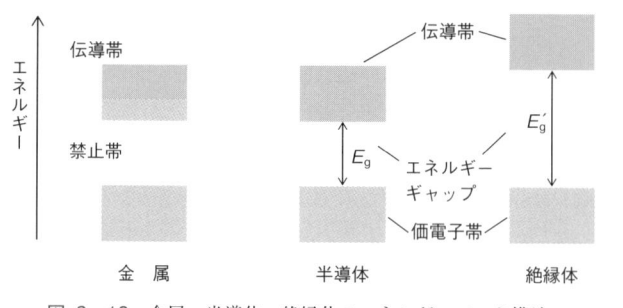

図 6・12　金属，半導体，絶縁体のエネルギーバンド構造.
色の部分は電子が占めていることを表す

例題 6・16: n 型半導体と p 型半導体

1）n 型半導体と p 型半導体において電気伝導を担う粒子はそれぞれ何か.

2）リンをドーピングしたケイ素の単結晶は n 型半導体，p 型半導体のいずれか. 理由もあわせて述べよ.

　解答　　1）n 型半導体では電子が，p 型半導体では正孔がそれぞれ電気伝導を担う.

2）ケイ素原子は4個の価電子をもち，ケイ素の結晶では一つのケイ素原子が四面体型にそれを取囲む四つのケイ素原子と結合している. すなわち，ケイ素原子の価電子はすべて化学結合に使われる. リンは15族の原子であるため価電子が5個であって結合に寄与できる電子が1個余分である. この過剰の電子が電気伝導を担

うため，この結晶は n 型半導体となる．

解説　　半導体では，価電子帯の電子が 1 個抜けるために，空の準位が一つ生成することになり，電子の移動が可能となる．この電子の抜けた状態は正電荷をもった粒子とみることもでき，この粒子が価電子帯を移動すると考えることもできる．電子が抜けて正電荷をもった状態を**正孔**または**ホール**という．このように価電子帯の正孔が電気伝導に寄与する半導体を**p 型半導体**という（図 6・13(a)）．一方，伝導帯のすぐ下につくられたエネルギー準位に存在する電子が伝導帯に移動することで電気伝導が実現する半導体を**n 型半導体**という（図 6・13(b)）．

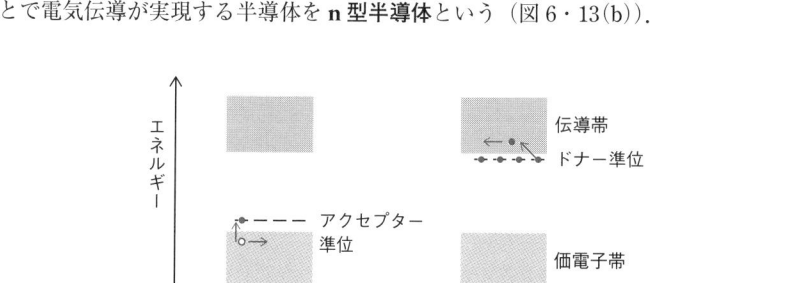

図 6・13　p 型半導体 (a) と n 型半導体 (b) の電子構造と電気伝導の機構

例題 6・17: 不純物半導体　　一般的な不純物半導体の電気抵抗率の温度変化を図示せよ．ただし，温度の逆数に対して，電気抵抗率の対数をプロットせよ．

　解答　　図 6・14 のようになる．

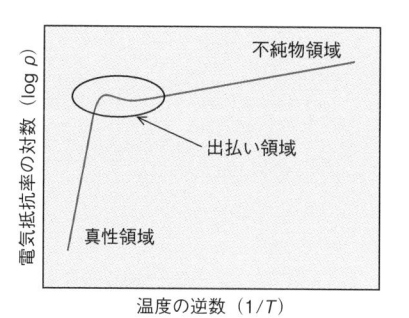

図 6・14　不純物半導体の電気抵抗率の温度変化

解説 　電気抵抗率（電気伝導率の逆数）ρ は，キャリヤー濃度 n，電荷 e，キャリヤー移動度 μ の関数として，(6・8)式で表される．

$$\rho = \frac{1}{ne\mu} \qquad (6 \cdot 8)$$

温度を上げると価電子帯から伝導帯へ電子が励起されるため，キャリヤー濃度 n は温度に対して指数関数的に増大する．移動度 μ の温度変化はキャリヤー濃度 n と比べ小さいので，電気抵抗率 ρ の温度変化は n に支配される．電気抵抗率 ρ は (6・9)式で表される．

$$\rho = A \exp\left(\frac{E_a}{kT}\right) \qquad (6 \cdot 9)$$

温度の逆数に対して電気抵抗率の対数をプロットすると図6・14が得られる．低温側の不純物領域では $E_a = E'$ により不純物準位のエネルギー（E'）が求まり，高温の真性領域では $E_a = E_g/2$ に相当した傾きとなる．両者の遷移域には出払い領域があり，ここでは不純物準位からのキャリヤー励起がほぼ出払い，キャリヤー濃度の増加がないため，移動度の温度依存性が現れる．

例題 6・18: 光学的性質 （レーザー）　Nd³⁺: YAG レーザー（YAG: イットリウム・アルミニウム・ガーネット，$Y_3Al_5O_{12}$）のレーザー発振原理を説明せよ．

　解答　図6・15に示すように，Nd³⁺: YAG レーザーでは光吸収により基底状態からのエネルギーの高い ${}^4F_{5/2}$ や ${}^4S_{3/2}$ 準位に電子が励起され，無放射遷移によって ${}^4F_{3/2}$ へ到達する．${}^4F_{3/2}$ から ${}^4I_{11/2}$ への遷移は禁制であり，1064 nm の光を放出（発光）する．

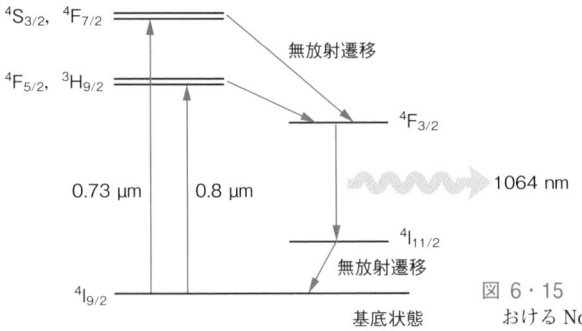

図 6・15　Nd: YAG レーザーにおける Nd³⁺ のエネルギー準位

例題 6・19: 誘電体　　ペロブスカイト型構造の $BaTiO_3$ は，室温において自発分極をもつ強誘電体である．自発分極が生じる理由を述べよ．

　解答　　$BaTiO_3$ は 120 ℃ 以上では立方晶ペロブスカイト型構造であるが，5〜120 ℃ では正方晶に歪む．立方晶では陽イオン，陰イオンの重心位置が一致するため分極を生じないが，正方晶では図 6・16 のようにイオンが変位するため電気双極子が生成する．

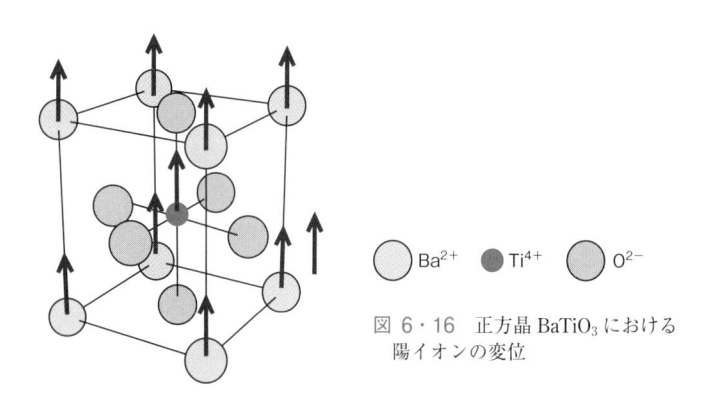

Ba^{2+}　Ti^{4+}　O^{2-}

図 6・16　正方晶 $BaTiO_3$ における
陽イオンの変位

例題 6・20: 磁気的性質 1 (磁気モーメントの配列)　　常磁性体，強磁性体，反強磁性体，フェリ磁性体における磁気モーメントの配列を模式的に示せ．

　解答　　図 6・17 に磁気モーメントの配列を示す．

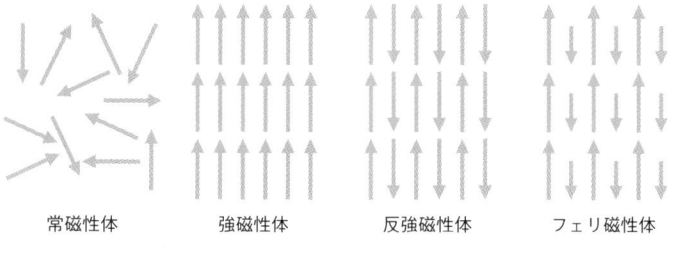

常磁性体　　　　強磁性体　　　　反強磁性体　　　フェリ磁性体

図 6・17　磁性体の磁気モーメントの配列

解説　　常磁性体では磁気モーメントの向きはランダムであり，その空間的平均値はゼロになる．強磁性体では磁気モーメント間の相互作用により互いに向きを

そろえて配列する．このため，総和である磁化は非常に大きくなる．反強磁性体では磁気モーメントが隣同士で反平行になるため，正味の磁化はゼロとなる．フェリ磁性体は反強磁性体と同様に隣合う磁気モーメントを逆向きに並べる力がはたらくが，磁気モーメントの大きさが異なるため，強磁性体と同様に大きな磁化を示す．

例題 6・21: 磁気的性質 2 (スピネル型フェライト)　スピネル型フェライト Fe_3O_4，$CoFe_2O_4$，$NiFe_2O_4$ の化学式あたりの磁気モーメント M (μ_B) を求めよ.

　　解答　　Fe_3O_4，$CoFe_2O_4$，$NiFe_2O_4$ はいずれも逆スピネルで，四面体位置と八面体位置のイオン分布を考慮すると，$[Fe^{3+}]_{tet}[Fe^{2+}, Fe^{3+}]_{oct}O_4$，$[Fe^{3+}]_{tet}[Co^{2+}, Fe^{3+}]_{oct}O_4$，$[Fe^{3+}]_{tet}[Ni^{2+}, Fe^{3+}]_{oct}O_4$ で表される．$Fe^{3+}(3d^5)$，$Fe^{2+}(3d^6)$，$Co^{2+}(3d^7)$，$Ni^{2+}(3d^8)$ の磁気モーメントはそれぞれ $5\mu_B$，$4\mu_B$，$3\mu_B$，$2\mu_B$ であるから，

$$Fe_3O_4: \ (5+4)-5 = 4\mu_B$$
$$CoFe_2O_4: \ (5+3)-5 = 3\mu_B$$
$$NiFe_2O_4: \ (5+2)-5 = 2\mu_B$$

　　解答　　スピネル型構造のフェライトでは，四面体位置の磁性イオンと八面体位置の磁性イオンの間に強い負の超交換相互作用がはたらき，互いの磁気モーメントは反平行となる．したがって，スピネル結晶の全体の磁気モーメントの大きさは，(八面体位置の磁気モーメント) − (四面体位置の磁気モーメント) となる．

例題 6・22: 磁気的性質 3 (スピネル型固溶体)　スピネル型構造の Fe_3O_4 に少量の $ZnFe_2O_4$ を固溶させた場合，磁気モーメントはどのように変化するか.

　　解答　　固溶量を x とすると固溶体の化学式は $Fe^{2+}_{1-x}Zn^{2+}_x Fe^{3+}_2 O_4$ で表されるが，Fe_3O_4 は逆スピネル型，$ZnFe_2O_4$ は正スピネル型なので，イオン分布はつぎのようになる．

　　　四面体位置: $Fe^{3+}_{1-x}+Zn^{2+}_x$ 　　および　　八面体位置: $Fe^{3+}_{1+x}+Fe^{2+}_{1-x}$
したがって全体の磁気モーメントは，

$$M = [5\mu_B(1+x)+4\mu_B(1-x)]-5\mu_B(1-x) = (4+6x)\mu_B$$

となり，磁気モーメントは増加する．$(Zn^{2+}(3d^{10})$ の磁気モーメントは 0)

例題 6・23: 超伝導体　　超伝導体に特徴的な現象を三つあげよ.

解答　　以下の三つが主な現象である.

1) 電気抵抗がゼロである.

2) 永久電流が流れる.

3) 完全反磁性（マイスナー効果）を示す.

解説　　超伝導を示す固体では臨界温度（相転移温度）以下の温度で電気抵抗がゼロとなり，**永久電流**が流れる. 永久電流の減衰に関しては理論と実験の両方の解析がなされており，たとえば Nb_3Zr に対して行われた実験では，電流の値で最初の $1/e$（e は自然対数の底）まで減少するのに要する時間は 15 万年である. **完全反磁性**は外から加えられた磁場（あるいは磁束）が完全に超伝導体の外部に排斥される現象である（図 6・18）. ただし，超伝導体のごく表面には磁束が侵入して

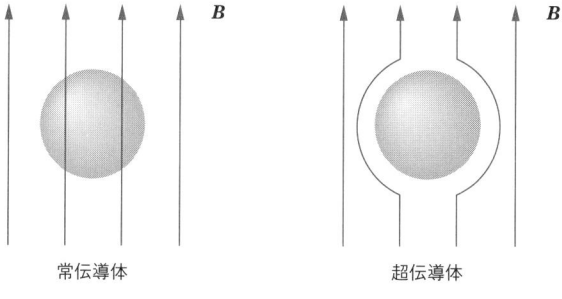

図 6・18　超伝導体における完全反磁性（マイスナー効果）.
　　　　　B は磁束密度を表す

おり，この領域を永久電流が流れる. また，超伝導体によっては磁束が内部の限られた領域に侵入する場合もある. これを渦糸状態という. 渦糸状態のない超伝導体を**第一種超伝導体**，渦糸状態が存在する超伝導体を**第二種超伝導体**という.

練 習 問 題

6・1　七つの結晶系の名称をあげ，それぞれにおける格子定数（結晶軸の長さとなす角）の関係を示せ.

6・2 　つぎの立方晶結晶のブラベ格子は何か．それぞれ名称を記せ．

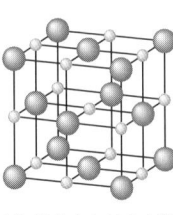
a) ダイヤモンド型
構造（C）

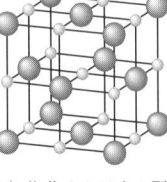
b) 塩化ナトリウム型
構造（NaCl）

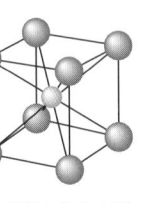
c) 塩化セシウム型
構造（CsCl）

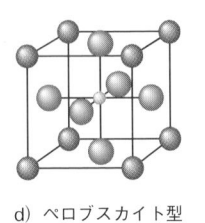
d) ペロブスカイト型
構造（SrTiO₃）

6・3 　直方晶（斜方晶）系 $GdFeO_3$ の (112), (021), (202)回折線は，それぞれ面間隔 $d = 0.2725, 0.2636, 0.2200$ nm に観測される．$GdFeO_3$ の格子定数を求めよ．

6・4 　塩化セシウム型構造における陽イオンと陰イオンの限界半径比を求めよ．

6・5 　塩化ナトリウム型構造の LiCl, NaCl, KCl の格子定数は，それぞれ 0.5140, 0.5640, 0.6293 nm, 塩化セシウム型構造の CsCl の格子定数は 0.4123 nm である．Cl^- のイオン半径を 0.181 nm として，アルカリ金属イオンのイオン半径を求めよ．

6・6 　YAG($Y_3Al_5O_{12}$) は立方晶ガーネット型構造を有し，その格子定数は $a = 1.2009$ nm，密度は $D = 4.552$ g cm^{-3} である．単位格子に含まれる化学式数（Z）を求めよ．

6・7 　$SrCoO_3$ は立方晶ペロブスカイト型構造であるが，$BaCoO_3$ は六方晶系の構造となる．その理由を述べよ．

6・8 　ウスタイト（FeO）は塩化ナトリウム型構造をもつ不定比化合物である．Fe:O = 0.930:1.000 のウスタイト試料の格子定数は $a = 0.4292$ nm，密度の実測値は 5.70 g cm^{-3} であった．不定比化合物であるウスタイトの欠陥構造は，鉄空格子点型か格子間酸素型のどちらか．

6・9 　ZrO_2 に Y_2O_3 を添加した固溶体は，高い酸化物イオン伝導性を示すことから燃料電池の固体電解質として用いられる．この固溶体の化学式を示せ．また，Y_2O_3 固溶量の増加とともにイオン伝導度はどのように変化するか．

6・10 　練習問題 6・9 の固溶体において生成する点欠陥を，クレーガー–ビンクの表記法に従って記せ．

6・11 　NaCl はショットキー欠陥によってイオン伝導性を示す．NaCl に以下の物質を少量固溶させたとき，イオン伝導度はどのように変化すると予測されるか．

a) AgCl, b) MnCl₂, c) Na₂O

6・12　下表は少量のリンをドープしたシリコン半導体の電気抵抗率の温度変化を測定した結果を示している．これをもとにこの半導体のバンド構造の模式図を描け．

温度（℃）	抵抗率（Ω cm）	温度（℃）	抵抗率（Ω cm）
1332	0.006056	0	0.260520
1113	0.012465	-30	0.260520
900	0.032847	-50	0.275800
711	0.089907	-100	0.359837
598	0.192233	-120	0.460645
509	0.366738	-130	0.557025
405	0.557025	-140	0.699656
349	0.578597	-150	0.948195
302	0.536257	-160	1.360390
204	0.403284	-170	2.187429
100	0.315028	-180	3.723549
51	0.286481	-190	7.520343

6・13　絶縁性固体（誘電体）に電場を加えると分極が生じる．固体における誘電分極の起源について説明せよ．

6・14　スピネル型構造の $Li_{0.5}Fe_{2.5}O_4$ の化学式あたりの磁気モーメントは $2.6\mu_B$ である．四面体位置と八面体位置の陽イオン分布はどうなっているか．

6・15　Fe_3O_4 と γ-Fe_2O_3 は，いずれもスピネル型構造のフェライトで，格子定数も近い値（Fe_3O_4: $a = 0.8396$ nm，γ-Fe_2O_3: $a = 0.8352$ nm）となることから X 線回折では判別しにくい．両者を判別するのに有効な方法をあげよ．

6・16　超伝導を示す金属の電気抵抗の温度依存性を，臨界温度での挙動が明確にわかるように模式的に描き，簡単な説明を加えよ．

発 展 問 題

1 章

1・1 水素原子のエネルギー準位に関して，以下の問いに答えよ．

1) 水素原子で観測されるパッシェン系列のスペクトルにおいて，系列中の極限の波長を求めよ．

2) 水素原子 1 mol あたりのイオン化エネルギーを見積もれ．

1・2 つぎの文章を読んで，以下の問いに答えよ．

原子の電子配置を考慮して元素を原子番号の順に並べたものが周期表である．基底状態の電子配置は，H が $1s^1$，He が $1s^2$，Li が $1s^22s^1$ のように続く．各族の元素の電子配置には共通した性質が見られ，たとえば水素とアルカリ金属からなる 1 族の元素は最外殻の電子が必ず ns^1 の状態であり，17 族の元素すなわちハロゲンでは ns^2np^5 の電子配置が見られる．ここで n は主量子数である．励起状態では，たとえば He は $1s^12s^1$ の電子配置をとる．

各原子の陽子の数すなわち電子の数は元素に固有であり，原子番号に等しい．原子番号は各元素から発生する特性 X 線の振動数と密接な関係がある．これを**モーズレーの法則**という．

1) 量子数には主量子数のほか，方位量子数，磁気量子数がある．これら三つの量子数がとりうる値の範囲を説明せよ．

2) つぎの元素に共通して見られる電子配置の特徴を述べよ．

  a) 12 族元素，b) 第 4 周期の遷移元素，c) カルコゲン元素

3) He の励起状態である $1s^12s^1$ は二つのエネルギー準位に対応する．二つの準位が存在する理由を述べよ．

4) モーズレーの法則について定量的に説明せよ．

1・3 箱の中の粒子の量子力学的な振舞いに関して，つぎの問いに答えよ．

1) 一次元の箱（箱の長さを L）の中を粒子（質量 m）が動くとき，その波動関数は次式で表される．

$$\Psi(x) = \sqrt{\frac{2}{L}} \sin \frac{n\pi x}{L}$$

ただし，粒子の箱の中での位置を x とし，$0 < x < L$ でのポテンシャルエネルギーは $V = 0$，$x \leq 0$ および $x \geq L$ では $V = \infty$ である．この粒子が，$L/3 < x < 2L/3$ に存在する確率を求めよ．ただし，$n = 1$ とせよ．

2) 一辺の長さが a, b, c である直方体の三次元の箱の中に閉じ込められた粒子の場合，その波動関数は，

$$\Psi(x, y, z) = \sqrt{\frac{8}{abc}} \sin \frac{n_1 \pi x}{a} \sin \frac{n_2 \pi y}{b} \sin \frac{n_3 \pi z}{c}$$

となることを示せ．

1・4　水素の原子軌道に関して，つぎの問いに答えよ．

1) 水素原子の 2s 軌道は，

$$\Psi_{2s}(r) = \frac{1}{4\sqrt{2\pi a_0^3}} \left(2 - \frac{r}{a_0}\right) \exp\left(-\frac{r}{2a_0}\right)$$

と表される．ただし，r は原子核から電子までの距離，a_0 はボーア半径である．2s 軌道において電子が見いだされる確率が最大となる r を求めよ．

2) 2p 軌道の波動関数は，磁気量子数が $m_l = -1, 0, +1$ となることに対応して，極座標による表示で，

$$\Psi_{2p, -1}(r, \theta, \phi) = \frac{1}{8\sqrt{\pi a_0^5}} \, r \exp\left(-\frac{r}{2a_0}\right) \sin\theta \exp(-i\phi)$$

$$\Psi_{2p, 0}(r, \theta, \phi) = \frac{1}{4\sqrt{2\pi a_0^5}} \, r \exp\left(-\frac{r}{2a_0}\right) \cos\theta$$

$$\Psi_{2p, +1}(r, \theta, \phi) = \frac{1}{8\sqrt{\pi a_0^5}} \, r \exp\left(-\frac{r}{2a_0}\right) \sin\theta \exp(i\phi)$$

と与えられる．これらの線形結合として，

$$\Psi_{2p_x} = \frac{1}{\sqrt{2}} (\Psi_{2p, -1} + \Psi_{2p, +1}) \qquad \Psi_{2p_y} = \frac{i}{\sqrt{2}} (\Psi_{2p, -1} - \Psi_{2p, +1}) \qquad \Psi_{2p_z} = \Psi_{2p, 0}$$

を考えると，Ψ_{2p_x}，Ψ_{2p_y}，Ψ_{2p_z} はそれぞれ x 軸，y 軸，z 軸の方向に沿った形状をもつ波動関数となることを示せ．

2 章

2・1　つぎの図は一酸化窒素 NO の分子軌道のエネルギー準位を模式的に表したものである．ただし，1s 軌道からなる分子軌道は省略されている．これに関して，つぎの問いに答えよ．

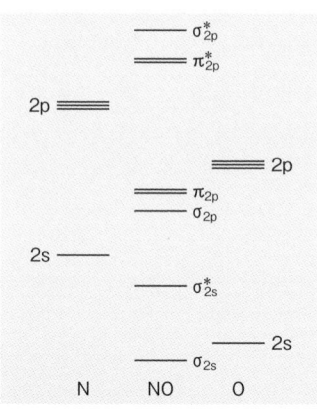

1) 図において，同じ 2s 軌道であっても O の方が N よりもエネルギー準位が低い．電気陰性度の観点からこの理由を説明せよ．

2) 図を用い，スピンを考慮して NO 分子の電子配置を示せ．また，電子配置に基づいて NO 分子の磁性について説明せよ．

3) NO 分子の結合距離が 115 pm であるのに対し，NO^+ イオンでは 106 pm である．図に基づいてこの事実を説明せよ．

2・2　つぎの文章を読んで，以下の問いに答えよ．

HF 分子の化学結合に関して考察しよう．H の 1s 軌道と F の 2p 軌道の波動関数をそれぞれ Ψ_H および Ψ_F で表すと，HF 分子の σ 結合の分子軌道は，

$$\Psi = c_H \Psi_H + c_F \Psi_F$$

と書くことができ，シュレーディンガー方程式は，

$$H\Psi = E\Psi$$

で与えられる．H の 1s 軌道と F の 2p 軌道に関するクーロン積分を，それぞれ，

$$\alpha_H = \int \Psi_H{}^* H \Psi_H \, d\tau \qquad \text{および} \qquad \alpha_F = \int \Psi_F{}^* H \Psi_F \, d\tau$$

と表し，共鳴積分を

$$\beta = \int \Psi_H{}^* H \Psi_F \, d\tau = \int \Psi_F{}^* H \Psi_H \, d\tau$$

とおく．また，重なり積分はゼロと仮定する．すなわち，

$$S = \int \Psi_H{}^* \Psi_F \, d\tau = \int \Psi_F{}^* \Psi_H \, d\tau = 0$$

であるとする．以上より，HF 分子のエネルギー E は，

$$E = \frac{c_H{}^2 \alpha_H + c_F{}^2 \alpha_F + 2 c_H c_F \beta}{c_H{}^2 + c_F{}^2} \tag{①}$$

で与えられる.

1) ①式を導け.

2) 変分法を用いて, HF 分子の σ 結合の分子軌道のエネルギー E と波動関数 Ψ は,

$$E_+ = \alpha_H + \beta \cot\theta \qquad \Psi_+ = \Psi_H \sin\theta + \Psi_F \cos\theta$$
$$E_- = \alpha_F - \beta \cot\theta \qquad \Psi_- = \Psi_H \cos\theta - \Psi_F \sin\theta$$

で与えられることを示せ. ただし, 上の式中の θ は,

$$\tan 2\theta = \frac{2|\beta|}{\alpha_H - \alpha_F}$$

を満たす.

3) H の 1s 軌道と F の 2p 軌道のイオン化エネルギーはそれぞれ, 13.6 eV および 18.6 eV であり, $\beta = -1.0$ eV である. これを用いて, HF 分子の σ 結合の分子軌道のエネルギー E と波動関数 Ψ を求めよ.

2・3　つぎの文章を読んで, 以下の問いに答えよ.

下図に示すように, 一つの元素を対象として原子のイオン化エネルギーおよび電子親和力を価数の変化に対してプロットすると, 両者の関係はなめらかな曲線で近似され, 曲線は,

$$E = aq + bq^2$$

で表される放物線となる. ここで, E はイオン化エネルギーあるいは電子親和力に対応するエネルギーであり, 特に電子親和力はこれに負の符号を付けて E としている. また, q は電荷を表し, a と b は元素に固有の定数である. この曲線の傾きを原子やイオンの電気陰性度 χ と定義することができる. すなわち,

$$\chi = \frac{\mathrm{d}E}{\mathrm{d}q} = a + 2bq \qquad\qquad ①$$

である.

　2 種類の原子 A と B が結合すると，互いの電気陰性度が等しくなるように電荷の移動が起こる．原子 A がより電気的に陰性であるとき，原子 A から原子 B に正電荷 δ（>0）が移る．最終的に，結合を形成している A および B の電気陰性度は，

$$\chi_A = a_A - 2b_A\delta \qquad および \qquad \chi_B = a_B + 2b_B\delta$$

となって電荷の移動が止まる．このとき，δ は a_A, a_B, b_A, b_B を用いて，

$$\delta = \boxed{\qquad ア \qquad}$$

と表される.

　1）電気的に中性である原子に対しては，①式で定義された電気陰性度はマリケン（Mulliken）の定義に等しいことを示せ.

　2）文中の空欄 $\boxed{\quad ア \quad}$ に当てはまる式を導け.

　3）H の 1s 軌道と Cl の 3p 軌道に対する電気陰性度は，

$$\chi_H = 7.17 + 12.85q \qquad および \qquad \chi_{Cl} = 9.38 + 11.30q$$

である．これに基づき，HCl 分子における化学結合のイオン性を論じよ.

　2・4　つぎの文章を読み，以下の問いに答えよ.

　1 mol の NaCl 結晶におけるイオン間のポテンシャルエネルギーは，

$$U = -N_A\left(\frac{Me^2}{4\pi\varepsilon_0 r} - \frac{Be^2}{r^n}\right) \qquad\qquad ①$$

で与えられる．ここで，N_A はアボガドロ定数，e は電気素量，ε_0 は真空の誘電率，r はイオン間距離，n はボルン指数，B はイオン間の反発力を反映する定数である．また，M はマーデルング定数であり，NaCl では，

$$M = 6 - \frac{12}{\sqrt{2}} + \frac{8}{\sqrt{3}} - 3 + \cdots \qquad\qquad ②$$

という級数で表される.

　1）①式を用いて，NaCl 結晶の 1 mol あたりの格子エネルギーが，

$$U_{lat} = \frac{N_A M e^2}{4\pi\varepsilon_0 r_e}\left(1 - \frac{1}{n}\right)$$

となることを導け．ただし，r_e は Na^+ と Cl^- の平衡イオン間距離である.

　2）NaCl 結晶の構造を描き，結晶構造において一つの Na^+ とその最近接から第 3 近接までのイオンとのクーロン力を考えることにより，②式の級数の第 3 項までを導け.

　3）つぎにあげる結晶のうち，マーデルング定数が NaCl と同じものはどれか.

理由を付して答えよ. a) BaO, b) CsCl, c) CaF$_2$, d) ZnS, e) NiAs

2・5 物質の化学結合に関する情報を実験的に得る方法の一つに赤外分光がある. これは振動エネルギーの大きさが赤外光の波長に対応することを利用している. 下表は, いくつかのハロゲン化アルカリ結晶の格子振動の波数を表している. これらのデータに基づき, イオンの種類と化学結合力の関係について論じよ.

結　晶	波数（cm^{-1}）	結　晶	波数（cm^{-1}）
LiF	307	LiCl	191
NaF	246	NaCl	164
KF	190	KCl	141
RbF	156	RbCl	118
CsF	127	CsCl	99

3 章

3・1 つぎの文章を読んで, 以下の問いに答えよ.

C, O, P, S のような元素は同素体をもつ. C の同素体としてグラファイトとダイヤモンドが古くから知られているが, 新しい同素体として①C$_{60}$, C$_{70}$ などのフラーレン, カーボンナノチューブ, グラフェンが見いだされた. O の同素体には酸素とオゾンが存在する. オゾンは強い酸化剤としてはたらく. たとえば, ②オゾンがヨウ化カリウムを酸化する反応は, オゾンの定量に利用される. P は黄リン, ｱ , ｲ といった同素体をもつ. 黄リンは③P$_4$ 分子からなる固体で, ④保存に際して注意を要する. 黄リンを不活性ガスの雰囲気で加熱すると ｱ が得られる. また, ｲ は金属光沢をもつ固体で, P の同素体としては最も安定である. S の同素体には直方体（斜方晶）の α 硫黄, 単斜晶の β 硫黄, 無定形硫黄などがある. α 硫黄と β 硫黄は⑤S$_8$ 分子からなる結晶である.

1) 空欄 ｱ , ｲ に当てはまる物質名を答えよ.

2) 下線部に関してそれぞれつぎの問いに答えよ.

① C$_{60}$ 分子において炭素原子間の結合距離は等価ではなく, 139 pm と 143 pm の 2 種類が存在する. C$_{60}$ 分子の構造に基づいて, この理由を述べよ.

② この反応を化学反応式で示せ.

③ P$_4$ 分子の構造を図示せよ.

④ 黄リンの保存に際してどのような注意が必要か, また, なぜそのような注意を払う必要があるのか, 説明せよ.

⑤ S$_8$ 分子の構造を図示せよ.

3・2　つぎの文章を読んで，以下の問いに答えよ．

　元素は自然界にさまざまな形で存在する．たとえば O は単体の O_2 として体積比で空気の約 21 % を占めるほか，酸化物として地殻中に広く分布している．空気は N をはじめ，多くの元素の単体を成分として含んでいる．地殻中では B，Si，P，Fe，Cu などの元素が酸化物や硫化物を主成分とする鉱物を形成している．特に，Si は二酸化ケイ素やさまざまな種類のケイ酸塩として地殻中に多く存在する．また，海水中には Na^+，Mg^{2+} などの陽イオン，Cl^-，Br^- のような陰イオンが溶解している．

　1）空気中に単体として存在する元素のうち，O と N 以外のものを三つあげよ．

　2）工業的に鉄鉱石から鉄の単体を得る方法を説明せよ．

　3）天然に存在するケイ酸塩の一つにゼオライト（沸石）がある．この結晶の構造上の特徴と，用途を説明せよ．

　4）ナトリウムのイオンとしては Na^+（ナトリウムイオン）が安定であるが，条件によっては Na^-（ナトリウム化物イオン）という陰イオンも生じる．具体例をあげよ．

3・3　つぎの文章を読んで，以下の問いに答えよ．

　生物が生命活動を営むうえで必須な元素には，多量に存在する**主要元素**と微量ではあるが不可欠の役割を果たす**微量元素**が存在する．主要元素としては H，C，N，O があり，ヒトでは体重の 96 % ほどを占める．そのほかの主要元素として P，S，Na，K，Mg，Ca，Cl がある．一方，微量元素は生物によって若干異なり，ヒトでは Mn，Fe，Co，Cu，Zn，Se，Mo，I が確認されている．生体内の細胞に含まれる金属イオンの濃度は一定に保たれており，生命活動を維持するために細胞膜を介する金属イオンの移動が制御されている．イオンの移動が濃度勾配に基づいて起こるものを**受動輸送**といい，逆に濃度勾配に逆らって起こるものを**能動輸送**という．前者では下図に例示するようなイオノホアの寄与が重要になる．

イオノホアの一種である
ノナクチンの構造

　1）P はアデノシン三リン酸（ATP）にも含まれる．ATP の構造を下記に示した．ATP が ADP に変わる反応を式で表せ．

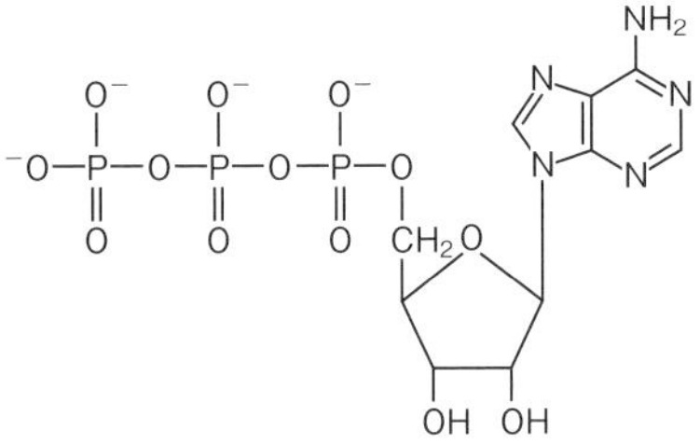

2) 1) の反応と金属イオンの能動輸送との関係を説明せよ.

3) 受動輸送のうち, イオノホアがかかわる機構を説明せよ.

4) Fe は哺乳類などの血液中のヘモグロビンにも含まれ, 酸素の運搬の役割を担う. 下図はヘモグロビンのヘム部を表している. この構造に基づき, 酸素が運搬される機構を説明せよ.

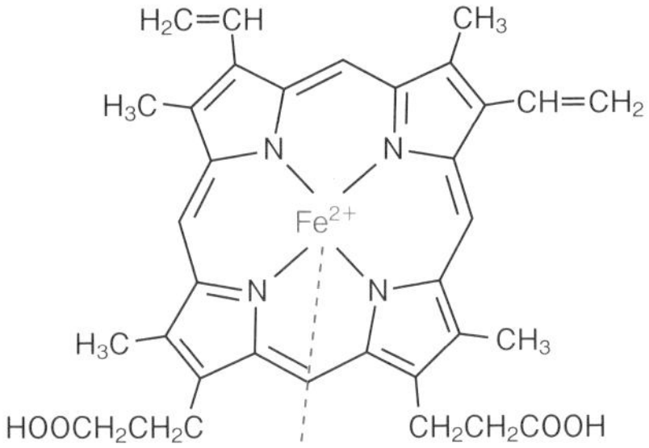

3・4　次ページの図の実線は, $Mg(OH)_2$, $MgCO_3$, $CaCO_3$ の熱分解反応における標準状態での (ギブズ) 自由エネルギー変化 $\Delta G°$ を温度 T に対してプロットしたものである. また, 破線は CO_2 あるいは H_2O のさまざまな分圧 (10^{-8}〜10^3 atm) における $\Delta G°$ と温度との関係を表している. この図に関して, 以下の問いに答えよ.

1) $Mg(OH)_2$ の熱分解反応を例にとって,

$$\Delta G° = -RT \ln P_{H_2O}$$

となることを示せ. ただし, P_{H_2O} は H_2O の分圧であり, R は気体定数である.

2) 図に示されているすべての熱分解反応は右下がりの直線で表される. 理由を述べよ.

3) 空気中で $MgCO_3$ および $CaCO_3$ を加熱したときの分解温度を図から求めよ. 見積もり方も述べよ.

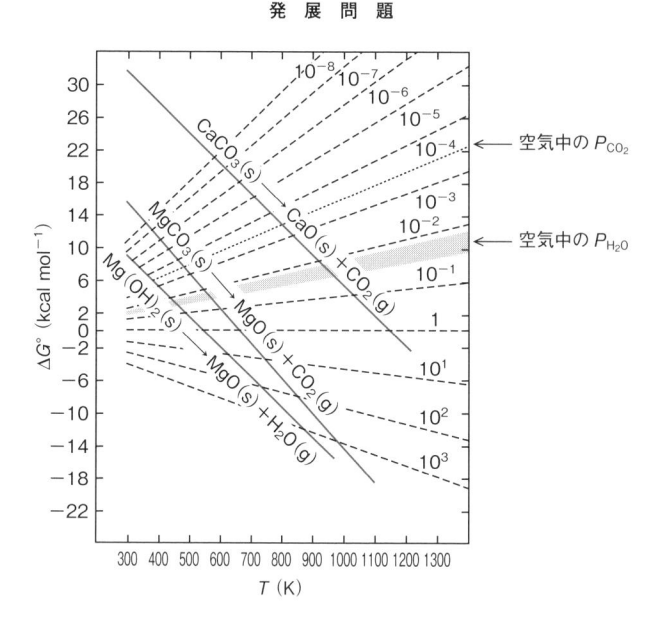

3・5 13 族と 14 族の有機金属化合物に関する以下の問いに答えよ.

1) トリメチルホウ素とトリメチルアルミニウムの分子構造の違いを,図を描いて説明せよ.

2) 有機アルミニウム化合物における Al−C 結合は,有機ケイ素化合物における Si−C 結合と比べて加水分解を受けやすい.理由を述べよ.

3) C=C 二重結合をもつ化合物は多くのものが知られているが,Si=Si 二重結合をもつ化合物はほとんど存在しない.下図に示す反応によって,Si=Si 結合をもつめずらしい有機ケイ素化合物が合成できる.この化合物が安定に生成する理由を分子構造の観点から述べよ.

3・6 つぎの文章を読んで,以下の問いに答えよ.

大気中に存在する酸素分子は,242 nm 以下の波長の紫外線が照射されると酸素原子に変わる.生じた酸素原子は酸素分子と反応してオゾンを生成する.一方,オ

ゾンは 220〜320 nm の紫外線により酸素分子と酸素原子に分解する．これらオゾンの生成と分解の反応が平衡状態にあれば，大気中のオゾンの濃度は一定に保たれる．また，このような光化学反応により，人体に有害な短波長の紫外線が地上に届くことが妨げられている．

　これに対し，大気中に①一酸化窒素が存在すると，これがオゾンと反応してオゾンの濃度を減少させる．さらに，②この反応による生成物は一酸化窒素に戻される．このサイクルよって，③オゾンの正味の消失がもたらされる．なお，成層圏における一酸化窒素は　ア　と励起状態の酸素原子との反応によっておもに生成するため，これもオゾンホールの原因物質として注目されている．以上により，オゾンホールが生成すると，太陽から地表に到達する有害な紫外線の量が増加する．

　1）下線部①〜③を化学反応式で示せ．

　2）空欄　ア　に当てはまる物質を示せ．

　3）クロロフルオロカーボン（いわゆるフロンガス）は一酸化窒素と同様，オゾンホール生成の原因となりうる．CCl_2F_2 を例にとって，この反応機構を説明せよ．

　3・7　つぎの文章を読んで，以下の問いに答えよ．

　ウランの原子核の一つである $^{235}_{92}U$ に①熱中性子をぶつけると**核分裂反応**が起こる．この結果，核分裂片として $^{90}_{38}Sr$, $^{95}_{40}Zr$, $^{137}_{55}Cs$, $^{144}_{58}Ce$ などが生成する．これらはさらに壊変を繰返して安定な核種に変わる．たとえば $^{90}_{38}Sr$ は 2 回の β^- 壊変ののちに　ア　に変化する．また，自然界に存在する $^{235}_{92}U$ は　イ　回の α 壊変と　ウ　回の β^- 壊変を経て最終的に $^{207}_{82}Pb$ に変わる．この壊変系列を**アクチニウム系列**という．

　一方，重水素と三重水素の原子核は核融合反応を起こす．反応は　エ　のように進む．この反応では 17.6 MeV のエネルギーが発生する．

　1）空欄　ア　に当てはまる核種を，$^{90}_{38}Sr$ にならって表せ．

　2）空欄　イ　，　ウ　に当てはまる数字を答えよ．

　3）空欄　エ　に当てはまる原子核反応を反応式で表せ．

　4）下線部①の熱中性子がもつエネルギーを，eV を単位として求めよ．ただし，ボルツマン定数は $k = 1.38 \times 10^{-23}\,J\,K^{-1}$ である．

4 章

　4・1　Al^{3+} とハロゲン化物イオンからなる錯体の安定性は，

$$F^- > Cl^- > Br^- > I^- \qquad\qquad ①$$

の順であるのに対し，Ag^+ とハロゲン化物イオンからなる錯体の安定性は，

$$I^- > Br^- > Cl^- > F^- \qquad\qquad ②$$

の順である．これに関して，以下の問いに答えよ．

1) HSAB（hard and soft acids and bases）の概念に基づいて，この事実を説明せよ．

2) つぎの陽イオンは，①と②のどちらの傾向を示すと考えられるか．理由を付して答えよ．a) Li^+, b) Ca^{2+}, c) Ti^{4+}, d) Cu^+, e) Cd^{2+}, f) Pt^{2+}

4・2 CO_2 が水に溶解すると，水溶液中ではつぎのような平衡が成り立つ．

$$H_2CO_3 \rightleftharpoons H^+ + HCO_3^- \qquad\qquad ①$$
$$HCO_3^- \rightleftharpoons H^+ + CO_3^{2-} \qquad\qquad ②$$

①式および②式の室温での酸の解離定数は，それぞれ，$4.5 \times 10^{-7}\,mol\,dm^{-3}$，$4.7 \times 10^{-11}\,mol\,dm^{-3}$ である．以下の問いに答えよ．ただし，活量は濃度で近似できると仮定する．

1) CO_2 が溶解して $0.04\,mol\,dm^{-3}$ となった飽和水溶液における H^+ と CO_3^{2-} の濃度を計算せよ．計算に際して適当な近似を用いてもよい．

2) Mg^{2+} と Ca^{2+} を含む水溶液に CO_2 を吹き込んで両イオンを分離することは可能か．根拠となる計算過程も示せ．ただし，$MgCO_3$ と $CaCO_3$ の溶解度積は，それぞれ，$4.0 \times 10^{-5}\,mol^2\,dm^{-6}$，$4.7 \times 10^{-9}\,mol^2\,dm^{-6}$ である．

4・3 図は，ハロゲン化アルカリ結晶の溶解熱を，陽イオンおよび陰イオンの水和エンタルピーの差に対してプロットしたものである．これについて，以下の問いに答えよ．

1) 図のような傾向が見られる理由を説明せよ．

2) $MgSO_4$ と $BaSO_4$ ではどちらが水に溶けやすいか．また，$Mg(OH)_2$ と $Ba(OH)_2$

陽イオンと陰イオンの水和エンタルピーの差（kJ mol^{-1}）

ではどうか．1）に関連させて理由を付して答えよ．

4・4　つぎの文章を読んで，以下の問いに答えよ．

弱酸とその塩の水溶液あるいは弱塩基とその塩の水溶液は**緩衝液**とよばれる．例として，酢酸と酢酸ナトリウムの混合水溶液について考えてみよう．酢酸と酢酸ナトリウムは水溶液中でつぎのような平衡状態にある．

$$CH_3COOH \rightleftharpoons CH_3COO^- + H^+$$
$$CH_3COONa \rightleftharpoons CH_3COO^- + Na^+$$

以下ではすべての化学種の活量は濃度に等しいと仮定する．最初に加えた酢酸と酢酸ナトリウムの濃度をそれぞれ c_1 および c_2 とすると，水溶液中の CH_3COOH および CH_3COO^- の濃度はそれぞれ，　ア　および　イ　となる．よって，酢酸の解離定数を K_a とおけば，この溶液の pH は，

$$pH = pK_a + \log \frac{c_2}{c_1} \qquad\qquad ①$$

で与えられる．①式より，この溶液に少量の酸が加えられても塩基が加えられても pH はほとんど変化しない．すなわち，この水溶液は緩衝作用を示す．

1）空欄　ア　，　イ　に当てはまる濃度を示せ．

2）①式を導け．

3）①式を用いて，この水溶液に酸または塩基が加えられても pH がほとんど変化しないことを示せ．

4・5　つぎの文章を読んで，以下の問いに答えよ．

ヨウ素の標準電極電位（標準還元電位）は，

$$I_2 + 2e^- \rightleftharpoons 2I^-$$

の反応に対して，$E° = 0.54\,V$ と与えられる．標準電極電位がこの値より　ア　物質はヨウ素によって　イ　され，逆に　ウ　物質はヨウ化物イオンによって　エ　される．たとえば，①ヨウ化カリウム水溶液に過マンガン酸カリウム水溶液を加えるとヨウ素が生成する．また，②ヨウ素の水溶液にチオ硫酸ナトリウム水溶液を加えるとヨウ化物イオンが生じる．ヨウ素とヨウ化物イオンのかかわる酸化還元反応を利用して，対象とする物質の未知濃度を見積もることができる．このような定量分析は**ヨードメトリー**とよばれる．

1）文中の空欄につぎの語句を当てはめて，文章を完成させよ．

　　高い，　低い，　酸化，　還元

2）下線部①と②の反応を化学反応式で表せ．

3）濃度が未知の硫酸銅（II）水溶液 $50.0\,cm^3$ に過剰量のヨウ化カリウムを加えて溶かし，ヨウ素を生成させた．これを $0.10\,mol\,dm^{-3}$ のチオ硫酸ナトリウム水溶液

で滴定したところ，当量点までに 48.5 cm³ を要した．はじめの硫酸銅(Ⅱ)水溶液の濃度を計算せよ．

4・6　つぎのような電池に関して，以下の問いに答えよ．ただし，m は塩酸の質量モル濃度を表す．

$$\text{Pt(H}_2) \,|\, \text{HCl}(m) \,|\, \text{AgCl} \,|\, \text{Ag} \,|$$

1) 正極と負極で起こる反応を式で表せ．

2) 水素が理想気体であると仮定し，その圧力を 1 atm となるように選んだとき，温度 T におけるこの電池の起電力 E を，標準起電力 $E°$ および H⁺ と Cl⁻ それぞれの活量，$a(\text{H}^+)$，$a(\text{Cl}^-)$ を用いて表せ．また，導き方も示せ．

3) HCl の平均活量係数を $\gamma_\pm$ とすると，**デバイ‑ヒュッケルの理論**から，希薄溶液では，

$$\ln \gamma_\pm = A m^{\frac{1}{2}}$$

となることが知られている．ただし，A は定数である．さまざまな質量モル濃度の塩酸を用いてこの電池の起電力を測定すれば，標準起電力 $E°$ および HCl の平均活量係数を求めることができる．その手続きを説明せよ．

5 章

5・1　つぎの①～③は水溶液中の銅(Ⅱ)イオンとエチレンジアミンとの反応を，また，④はアンモニアとの反応を表している．これらに関して，以下の問いに答えよ．

$$[\text{Cu(H}_2\text{O})_6]^{2+} + \text{en} \rightleftharpoons [\text{Cu(H}_2\text{O})_4(\text{en})]^{2+} + 2\text{H}_2\text{O} \qquad ①$$
$$[\text{Cu(H}_2\text{O})_4(\text{en})]^{2+} + \text{en} \rightleftharpoons [\text{Cu(H}_2\text{O})_2(\text{en})_2]^{2+} + 2\text{H}_2\text{O} \qquad ②$$
$$[\text{Cu(H}_2\text{O})_2(\text{en})_2]^{2+} + \text{en} \rightleftharpoons [\text{Cu(en)}_3]^{2+} + 2\text{H}_2\text{O} \qquad ③$$
$$[\text{Cu(H}_2\text{O})_6]^{2+} + 2\text{NH}_3 \rightleftharpoons [\text{Cu(H}_2\text{O})_4(\text{NH}_3)_2]^{2+} + 2\text{H}_2\text{O} \qquad ④$$

1) ①～③式の逐次安定度定数を K_1, K_2, K_3 とすると，K_3 は K_1 や K_2 と比較して 10 桁ほども小さい．これは $[\text{Cu(en)}_3]^{2+}$ が不安定であり，むしろ $[\text{Cu(H}_2\text{O})_2(\text{en})_2]^{2+}$ が安定に存在することを示す．理由を述べよ．

2) ④式の全安定度定数を β_2 とおくと，①と④はいずれも $[\text{Cu(H}_2\text{O})_6]^{2+}$ から水分子が二つ抜けて新たに 2 個の窒素原子が配位する反応であるにもかかわらず，$K_1 = 10^{10.6}$ に対して $\beta_2 = 10^{7.7}$ となる．これはキレート効果の一例であるが，このような違いが現れる理由を熱力学的な視点から説明せよ．

5・2　金属カルボニルに関して，以下の問いに答えよ．

1) つぎの錯体の構造を図示せよ．a) Ni(CO)₄, b) Fe(CO)₅, c) Mn₂(CO)₁₀

2) 1) に示した錯体のうち, Ni(CO)$_4$ はどのような磁性を示すか説明せよ. 理由も述べよ.

3) 金属原子の d 軌道と CO の p 軌道（反結合の π* 軌道）との間に形成される π結合を, それぞれの原子軌道の形を模式的に描くことによって示せ. 原子軌道の位相も明記せよ.

4) 下表は, いくつかのカルボニル錯体の赤外吸収スペクトルにおける CO の伸縮振動に対応する波数である. 波数が下表のように変化する理由を, 逆供与結合に基づいて定性的に説明せよ.

カルボニル錯体	波数（cm^{-1}）
[Ni(CO)$_4$]	2060
[Co(CO)$_4$]$^-$	1890
[Fe(CO)$_4$]$^{2-}$	1790

5・3　フェロセンに関して, 以下の問いに答えよ.

1) 下図は鉄原子に配位するシクロペンタジエニル環の分子軌道（配位子群軌道）の形を模式的に描いたものである. ＋と－の符号は位相を表している. 図中の (a)〜(f) と結合をつくる Fe の原子軌道を答え, 位相も含めて原子軌道の模式的な形を図示せよ. 結合の様式（σ 結合, π 結合, δ 結合の違い）も示せ. 結合をつくらない場合は, そのように明記せよ.

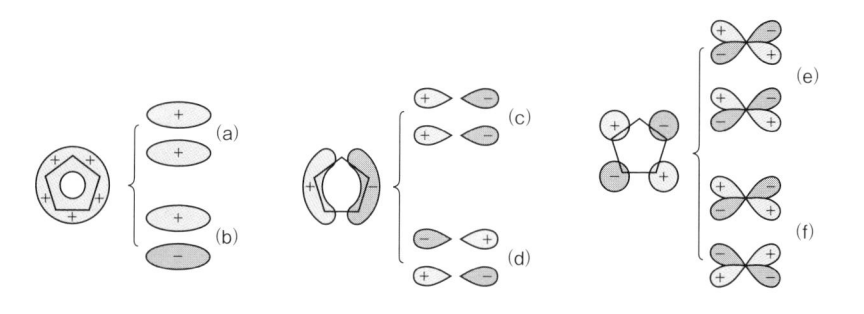

2) フェロセンでは 18 電子則が成り立つことを示せ.

3) フェロセンはメタル化反応を起こす. 反応例を示せ.

5・4　つぎの文章を読んで, 以下の問いに答えよ.

ランタノイドの化合物には磁性体としての性質を示すものが多い. たとえば Gd$_2$(SO$_4$)$_3$·8H$_2$O は常磁性を示す塩として有名である. Gd^{3+} は 4f^7 の電子状態をとり, 基底状態は ^{8}S という項記号で表される. すなわち, 全電子の総和としての軌

道角運動量量子数とスピン量子数をそれぞれ L および S とすると，$L =$ ┃ ア ┃，$S =$ ┃ イ ┃ であり，有効ボーア磁子数は $p_{\text{eff}} =$ ┃ ウ ┃ となる．また，①EuO を Gd^{3+} でドーピングすると伝導帯に電子が注入される．この電子は，結晶中を伝導すると同時に，自らのスピンと Eu^{2+} や Gd^{3+} に局在化した磁気モーメントとの間で磁気的な相互作用を起こすので，Eu^{2+} や Gd^{3+} の磁気モーメントは同じ方向にそろい，結晶は強磁性体となる．

1) 文章中の空欄 ┃ ア ┃，┃ イ ┃ に当てはまる数を答えよ．

2) 文章中の空欄 ┃ ウ ┃ に当てはまる数値を求めよ．計算過程も示せ．

3) EuO の結晶構造を答えよ．

4) 下線部①の現象が起こる機構を説明せよ．

5・5　ルビーは α-Al_2O_3 に少量の Cr^{3+} が添加された単結晶である．これに関して，以下の問いに答えよ．

1) α-Al_2O_3 結晶における酸化物イオンの充塡の仕方および Al^{3+} の配位数について説明せよ．

2) Cr^{3+} の結晶場安定化エネルギーを計算し，α-Al_2O_3 結晶において八面体位置と四面体位置のどちらに入りやすいか説明せよ．

3) 図 A はルビーの光吸収スペクトルであり，図 B はそれに対応する Cr^{3+} のエネルギー準位を表している．図 A の実線は光電場が α-Al_2O_3 結晶の c 軸に垂直な場合であり，破線は平行な場合のスペクトルである．また，図 B の横軸（Q）は原子核の位置を反映する．図 A のスペクトルにおいて，基底状態（$^4A_{2g}$）から $^4T_{1g}$ や $^4T_{2g}$ への遷移に帰属できる吸収は強いが，基底状態から $^2T_{1g}$ や ^2E_g への遷移に帰属できる吸収は弱い．理由を述べよ．

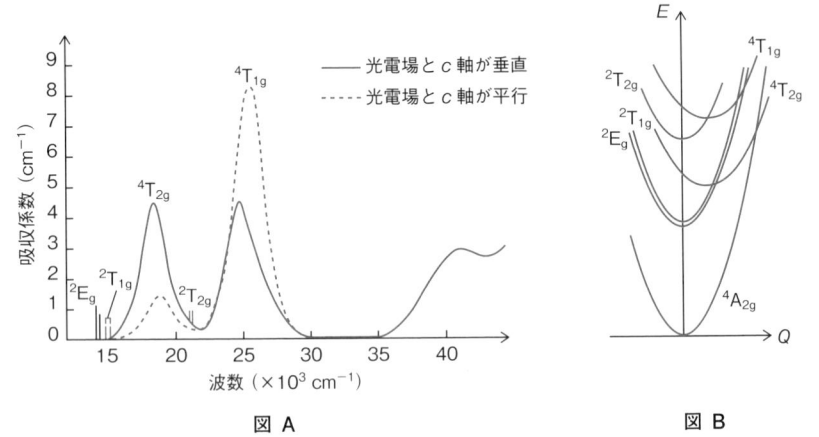

図 A　　　　　　　　　　　　　　　　図 B

4）ルビーは3準位系のレーザーとなることが知られている．エネルギー準位図を用いてレーザー発振の原理を示せ．

6 章

6・1　体心格子のX線回折において，(100)，(111)，(210) などの $h+k+l$ が奇数となる (hkl) 回折線が観測されない理由を述べよ．

6・2　下表は塩化セシウム型構造の CsCl，CsI の粉末X線回折データである．

1）Cs^+ のイオン半径を 0.176 nm として，Cl^-，I^- のイオン半径を求めよ．

2）塩化セシウム型構造のブラベ格子は何か．

3）CsI では観測される回折線が CsCl に比べ少なくなる理由を述べよ．

	CsCl		CsI	
hkl	*d* (nm)	I/I_0	*d* (nm)	I/I_0
100	0.412	45	—	—
110	0.292	100	0.323	100
111	0.238	13	—	—
200	0.206	17	0.228	20
210	0.184	14	—	—
211	0.168	25	0.186	33
220	0.146	6	0.162	18
300	0.137	5	—	—
310	0.130	8	0.144	8

6・3　AX 型イオン結晶の代表的な結晶構造には，セン亜鉛鉱型，ウルツ鉱型，塩化ナトリウム型，塩化セシウム型構造がある．

1）各構造における陽イオンの配位数と配位多面体の形を述べよ．

2）各構造における陽イオンと陰イオンの限界半径比を求めよ．

3）ZnO はイオン半径比からは塩化ナトリウム型構造が安定と考えられるが，実際にはウルツ鉱型構造である．なぜか．

4）塩化ナトリウム型構造のイオン結晶に高圧力を加えていくと，その構造はどのように変化すると予測されるか．

5）イオン結晶に比べ，共有結合性結晶に出現する結晶構造は少ない．この理由を述べよ．

6・4　つぎの文章を読み，以下の問いに答えよ．

結晶質材料は，全体が単一の結晶からなる単結晶と，微細な単結晶粒が集合して

互いに結合した ア に分類することができる. 単結晶材料は主に①溶融→凝固, もしくは②溶解→ イ によって合成される. 後者は用いる溶媒の種類によって水溶液法, 融剤法, 水熱法などに分類され, このうち高温高圧の水を溶媒とした水熱法は, 人工水晶の合成に用いられている.

　一方, ア は粉末を融点以下の温度で焼き固めるプロセスである ウ 反応によって合成される.

　アルミナ（酸化アルミニウム）の単結晶である エ は宝石として知られるが, 透明な硬質材料や, 高絶縁性・高熱伝導性の半導体基板としても重要である. アルミナの③Al^{3+}位置に異種カチオンが置換して赤色を呈する結晶は オ とよばれ, レーザー結晶としても用いられている.

1) 空欄 ア ～ オ に適切な語句を入れよ.

2) 下線部①のプロセスによる単結晶材料の合成法について, 具体例をあげて説明せよ.

3) 下線部②のプロセスは, 下線部①では合成困難な単結晶の合成に適用可能である. 下線部①のプロセスに比べ, 下線部②のプロセスがもつ利点をあげよ.

4) 下線部③における Al^{3+} の置換カチオンは何か.

5) 水晶の化学式を記せ.

6) 水晶は振動子として時計に用いられている. これは水晶が示すどのような性質を利用したものか. 構造的な観点から説明せよ.

6・5　下に示した周期表の一部を参考にして, 半導体に関する以下の問いに答えよ.

周期 ＼ 族	12	13	14	15	16
2		B	C	N	O
3		Al	Si	P	S
4	Zn	Ga	Ge	As	Se
5	Cd	In	Sn	Sb	Te

1) 13-15 族, 12-16 族からなる化合物半導体をそれぞれ四つあげよ.

2) ダイヤモンド, Si, Ge をバンドギャップの大きい順に並べよ.

3) Ge, GaAs, ZnSe をバンドギャップの大きい順に並べよ.

4) つぎの半導体のうち, p 型となるものをすべてあげよ. a) As をドープした Ge, b) In をドープした Ge, c) Ge をドープした Si, d) B をドープした Si, e) B をドープした InSb.

6・6　チタン酸バリウムに関するつぎの問いに答えよ.

1) チタン酸バリウムの化学式を記せ.

2) 120 °C 以下と 120 °C 以上での結晶相を記せ.

3) 強誘電性の発現機構を説明せよ.

4) チタン酸バリウムを半導体化するにはどのような手法があるか.

5) チタン酸バリウム半導体は 120 °C で ON-OFF 作動する PTC 素子として利用できる. その理由を述べよ.

6) 5) の PTC 素子の作動温度を変化させる方法を述べよ.

6・7　つぎの文章を読み, 以下の問いに答えよ.

酸化ニッケル NiO は塩化ナトリウム型構造を有し, ネール (Néel) 温度が約530 K の反強磁性体である. これは酸素を介在して直線状に配列した $Ni^{2+}-O^{2-}-Ni^{2+}$ 間の ア 相互作用によって, Ni^{2+} イオンが互いに反平行のスピンをもつためである. 化学量論組成の酸化ニッケルは絶縁体であるが, 高温で酸化すると<u>酸素過剰組成</u>となり, 陽イオン位置に共存する Ni^{2+} から Ni^{3+} への電子の イ により導電性を示す. このような物質は ウ 半導体として知られている.

1) 空欄 ア ~ ウ に適切な語句を当てはめよ.

2) 下線部には格子間陰イオンモデルと陽イオン空格子点モデルが考えられる. どちらが正しいか決定する方法を一つあげよ.

3) 下線部では実際には陽イオン空格子点形成が起こる. この場合, その化学式はどのように表されるか.

4) 酸化ニッケルに少量の酸化リチウムを固溶しても同様の半導体が得られる. この固溶体の化学式を示せ.

5) 4) の半導体の方が, 酸素過剰型酸化ニッケルよりも実用化のうえで重要である. その理由を述べよ.

6・8　つぎの文章を読み, 以下の問いに答えよ.

鉄の酸化物には FeO (ウスタイト: wüstite), α-Fe_2O_3 (赤鉄鉱: hematite), γ-Fe_2O_3 (磁赤鉄鉱: maghemite), Fe_3O_4 (磁鉄鉱: magnetite) がある. FeO は実際には塩化ナトリウム型構造の陽イオン位置に空格子点が存在する非化学量論化合物であり, その空格子点濃度を x とすると正確に化学式は $Fe_{1-x}O$ で表される. α-Fe_2O_3 は α-Al_2O_3 と同形のコランダム型構造であり, γ-Fe_2O_3 とは同じ化学組成をもつ多形関係にある. γ-Fe_2O_3 と Fe_3O_4 はいずれもスピネル型構造のフェリ磁性体で, 軟磁性材料として重要な化合物である.

1) $Fe_{1-x}O$ 試料の空格子点濃度 x の決定法を述べよ.

2) α-Fe_2O_3 と γ-Fe_2O_3 の混合試料があったとき, 混合物中における各相の割合を化学分析により定量するのは困難である. このような多形混合物の定量法とし

て，X線回折を利用する手法について述べよ.

3）スピネル型構造の代表的化合物である $MgAl_2O_4$ では，四面体位置に Mg^{2+}，八面体位置に Al^{3+} が存在し，そのイオン分布式は $[Mg^{2+}]_{tet}[Al^{3+}_2]_{oct}O_4$ で表される. Fe_3O_4 におけるイオン分布式を $MgAl_2O_4$ の例にならって記せ.

4）$\gamma\text{-}Fe_2O_3$ では，スピネル型構造の八面体位置に高濃度の空格子点が存在する. $\gamma\text{-}Fe_2O_3$ におけるイオン分布式を上と同様に記せ.

5）Fe^{3+} イオン（$3d^5$）の磁気モーメントは $5\mu_B$ である. Fe_3O_4 と $\gamma\text{-}Fe_2O_3$ の分子磁気モーメントの大きさを求めよ.

6・9　つぎの文章を読み，以下の問いに答えよ.

酸化チタン TiO_2 は光触媒や光電極として有名な結晶である．還元処理をして n 型半導体としてルチル型の酸化チタンと白金を電極として電解質水溶液に浸漬し，白金電極に $-0.5\,V$ 程度のバイアスを加えると同時に酸化チタンにそのエネルギーギャップより大きなエネルギーをもつ光を照射すると，水の分解が起こり水素と酸素が発生する．これを**本多・藤嶋効果**という.

1）TiO_2 を還元処理すると n 型半導体となる理由を説明せよ.

2）ルチル型の酸化チタンのエネルギーギャップは $3.0\,eV$ である．水の分解を起こすために必要な光の波長は最大でいくらか.

3）図は酸化チタン電極と電解質水溶液の界面での電子構造を示している．界面の領域では酸化チタンの価電子帯と伝導帯のバンドが曲がっている．この電子構造を考慮して，光の照射によって水から水素と酸素が発生する機構を説明せよ．その際，二つの電極で起こる化学反応を明記せよ.

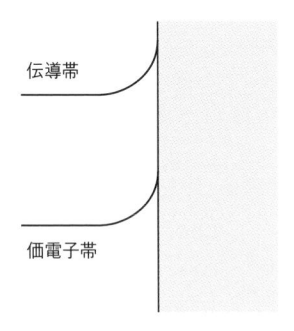

酸化チタン TiO_2　　電解質水溶液

練習問題の解答

1 章

1・1 ラザフォードの実験から，原子は，その中心に，きわめて小さな原子核とよばれる正電荷をもつことがわかった．α 線は高速の α 粒子（He 原子核）の流れであり，原子の中には α 粒子が通過できる大きな空間が存在し，ごくまれに大きく曲るのは，α 粒子がたまたま原子核に衝突したときであると考えた．

1・2 バルマー系列において下式が成り立つ．

$$\frac{1}{\lambda} = R\left(\frac{1}{2^2} - \frac{1}{n^2}\right)$$

ここで，リュードベリ定数 $R = 1.097 \times 10^7 \, \text{m}^{-1}$ とすると，

1) $\dfrac{1}{\lambda} = \left(\dfrac{1}{2^2} - \dfrac{1}{5^2}\right) \times 1.097 \times 10^7 \, \text{m}^{-1}$

よって，$\lambda = 4.341 \times 10^{-7} \, \text{m} = 434.1 \, \text{nm}$

2) 同様に，$\lambda = 410.2 \, \text{nm}$

1・3 ライマン系列（$n_1 = 1$）において，$n_2 = 2$ のときが最も長い波長の遷移となるから，

$$\frac{1}{\lambda} = R\left(\frac{1}{n_1^2} - \frac{1}{n_2^2}\right) = \left(\frac{1}{1^2} - \frac{1}{2^2}\right) \times 1.097 \times 10^7 \, \text{m}^{-1} = 8.228 \times 10^6 \, \text{m}^{-1}$$

よって，$\lambda = 1.215 \times 10^{-7} \, \text{m} = 121.5 \, \text{nm}$

1・4 1 クーロン（C）の電荷をもつ粒子が電圧 1 V のもとで加速されるとき，粒子の得るエネルギーは 1 J であり，電荷 -1.602×10^{-19} C をもつ電子が，電圧 1 V のもとで加速される際のエネルギーは 1 eV である．

$$E = eV = \frac{mv^2}{2} = \frac{p^2}{2m} = \frac{h^2}{2m\lambda^2}$$

より，$\lambda = h/(2emV)^{1/2}$ となる．この式に $h = 6.626 \times 10^{-34}$ J s，電気素量 $e = 1.602 \times 10^{-19}$ C，電子の質量 $m = 9.109 \times 10^{-31}$ kg を代入すると，

$$\lambda = \frac{h}{(2emV)^{1/2}} = \frac{6.626 \times 10^{-34} \, \text{J s}}{(2 \times 1.602 \times 10^{-19} \, \text{C} \times 9.109 \times 10^{-31} \, \text{kg} \times 20.0 \times 10^3 \, \text{V})^{1/2}}$$

$$= \frac{6.626 \times 10^{-34} \, \text{J s}}{7.64 \times 10^{-23} \, (\text{C V kg})^{1/2}} = \frac{6.626 \times 10^{-34} \, \text{kg m}^2 \, \text{s}^{-2} \, \text{s}}{7.64 \times 10^{-23} \, (\text{kg m}^2 \, \text{s}^{-2} \, \text{kg})^{1/2}}$$

$$= 8.67 \times 10^{-12} \, \text{m} = 8.67 \, \text{pm}$$

ただし，C V ＝ J ＝ kg m² s⁻² である．

1・5　電子の速度は $v = nh/(2\pi mr)$ となる．例題1・4の (1・11)式から，

$$v = \frac{h}{2\pi mr} = \frac{h\pi me^2}{2\pi mh^2\varepsilon_0} = \frac{e^2}{2\varepsilon_0 h}$$

$$= \frac{(1.602 \times 10^{-19}\,\text{C})^2}{2 \times 8.854 \times 10^{-12}\,\text{C}^2\,\text{s}^2\,\text{kg}^{-1}\,\text{m}^{-3} \times 6.626 \times 10^{-34}\,\text{J s}} = 2.187 \times 10^6\,\text{m s}^{-1}$$

1・6　一次元の箱の中で粒子が運動するとき，粒子の物質波が定在波であるためには，箱の両端で波の節になるはずである．したがって，物質波の波長の 1/2（すなわち $\lambda/2$）の整数倍が箱の長さ L と等しい．よって $n(\lambda/2) = L$．ただし n は整数で，$n \geq 1$．

また，物質波の波長 λ は，$\lambda = h/p$ であるので，$\lambda = h/p = 2L/n$ より $p = nh/2L$．よって，運動エネルギー E は，

$$E = \frac{1}{2}mv^2 = \frac{p^2}{2m} = \frac{n^2h^2}{4L^2}\frac{1}{2m} = \frac{n^2h^2}{8mL^2} \qquad (n \geq 1 \text{ の整数})$$

1・7　5s, 5p, 5d, 5f, 5g の五つである．

1・8　a) $[\text{Ar}]4\text{s}^1$, b) $[\text{Ar}]$, c) $[\text{Ar}]3\text{d}^3$, d) $[\text{Ar}]$, e) $[\text{Ne}]3\text{s}^23\text{p}^4$, f) $[\text{Ne}]$, g) $[\text{Ar}]$

1・9　2s軌道と2p軌道はほぼ同じ空間的な分布をもつが，2s軌道の方がより核近くに入り込んでおり，他の電子による遮蔽は小さくなるため，2s軌道の電子の方がわずかに大きな有効核電荷を示す．

解説　原子中の電子の空間的な分布は動径分布関数によって表される．例題1・7の図1・5を見ると，2s軌道と2p軌道は1s軌道に入り込んでいる．このような現象を**貫入**などという．2s軌道は核近くに小さな極大をもち，より1s軌道に入り込んでいる．

1・10　1) ア）Be原子では最外殻の電子が2s軌道から取去られるのに対し，B原子では2s軌道より束縛の弱い2p軌道から取去られるためである．イ）N原子では三つの2p軌道に電子が一つずつ入るのに対し，O原子では同じ軌道に二つの電子が入り，電子間で生じる反発エネルギーが増加し，電子を取出しやすいからである．

2) 遷移元素の場合，同じ周期内では最外殻の電子は同じ原子軌道（第4周期であれば4s軌道）を占めるため，第一イオン化エネルギーは大きく違わない．

1・11　ア）電子1個を与えると，1族元素では $n\text{s}$ 軌道は安定な閉殻構造をとるが，2族元素ではエネルギーの高い $n\text{p}$ 軌道に電子が入るためである．

イ）電子1個を与えると，14族元素では三つの $n\text{p}$ 軌道に電子が1個ずつ満たさ

れて安定化するが，15 族元素ではさらに一つの $n\mathrm{p}$ 軌道に 2 個目の電子が入り，電子間反発が生じて不安定化するためである．

ウ）第 2 周期の元素は原子半径が小さいため，電子が加わると原子内の電子間反発が大きくなり不安定化するためである．

1・12　1）マリケンの電気陰性度はイオン化エネルギー（*IE*）と電子親和力（*EA*）の平均値として定義された．

$$\chi_{\mathrm{M}} = \frac{IE + EA}{2}$$

2）オールレッド・ロコウの電気陰性度は，原子核から共有結合半径 r に等しい距離にある価電子が感じる静電的な引力の強さに依存するとして定義された．この静電的な引力の強さはクーロンの法則により Z_{eff}/r^2 で表される．

2 章

2・1　下図のようになる．ただし，1s 軌道は結合に関与しないため，省略している．

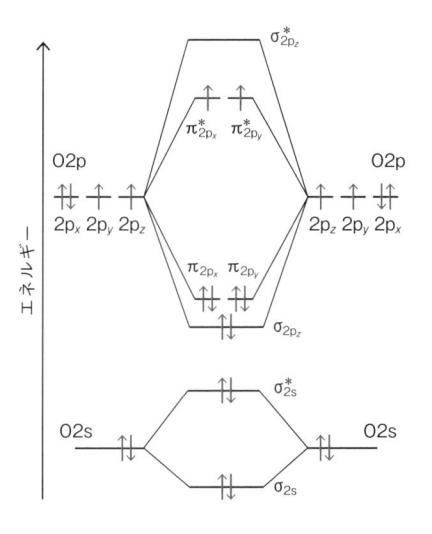

解説） O1s 軌道同士から結合性軌道である $\sigma_{1\mathrm{s}}$ 軌道と反結合性軌道である $\sigma_{1\mathrm{s}}^*$ 軌道が生じる．$\sigma_{1\mathrm{s}}$ 軌道は O1s 軌道よりもエネルギーが低く，$\sigma_{1\mathrm{s}}^*$ 軌道は O1s 軌道よりもエネルギーが高い．これと同様に，O2s 軌道同士から $\sigma_{2\mathrm{s}}$ 軌道と $\sigma_{2\mathrm{s}}^*$ 軌道が生じる．

　二つの酸素原子は z 軸方向で互いに近づくため，二つの $2p_z$ 軌道から生じる分子軌道は σ 軌道であり，結合性軌道である σ_{2p_z} 軌道と反結合性軌道である $\sigma_{2p_z}^*$ 軌道が生じる．一方，二つの $2p_x$ 軌道，また，二つの $2p_y$ 軌道から生じる分子軌道はいずれも π 軌道であり，それぞれ π_{2p_x} 軌道と $\pi_{2p_x}^*$ 軌道，π_{2p_y} 軌道と $\pi_{2p_y}^*$ 軌道が生じる．π_{2p_x} 軌道と π_{2p_y} 軌道，$\pi_{2p_x}^*$ 軌道と $\pi_{2p_y}^*$ 軌道は等しいエネルギーをもつ．酸素分子では σ_{2p_z} 軌道の方が π_{2p_x} 軌道や π_{2p_y} 軌道よりもエネルギーが低く，また，$\sigma_{2p_z}^*$ 軌道の方が $\pi_{2p_x}^*$ 軌道や $\pi_{2p_y}^*$ 軌道よりもエネルギーが高い．酸素分子がもつ合計 16 個の電子はエネルギーの低いものから順に分子軌道を満たす．

　2・2　結合次数 n は次式によって定義される．

$$n = \frac{1}{2}(結合性軌道中にある電子の数 - 反結合性軌道中にある電子の数)$$

ここで，H_2 分子と He_2 分子の結合次数をそれぞれ $n(H_2)$，$n(He_2)$ とすると，

$$n(H_2) = \frac{1}{2}(2-0) = 1 \qquad および \qquad n(He_2) = \frac{1}{2}(2-2) = 0$$

となる．なお，このことから，H_2 分子が H−H 単結合を形成し，He 原子同士は結合を形成しないことがわかる．

　O_2 分子の結合次数 $n(O_2)$ を考える際，σ_{1s}，σ_{1s}^*，σ_{2s}，σ_{2s}^* はいずれも 2 個の電子によって満たされているため考慮に入れる必要がなく，2p 軌道から形成される分子軌道を満たす電子の数だけを考えればよい．したがって，次式により結合次数が求められる．

$$n(O_2) = \frac{1}{2}(6-2) = 2$$

　2・3　1) 下図のようになる．

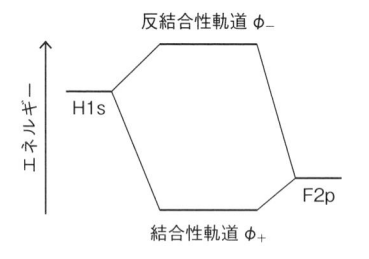

　2) 結合性軌道には F2p 軌道が主として寄与し，反結合性軌道には H1s 軌道が主として寄与する．

　3) F 原子の電子密度が H 原子の電子密度よりも高い．

4) 電気陰性度が F＞H であることから生じる.

2・4 CO_2 の混成軌道を示すとつぎの図のようになる.

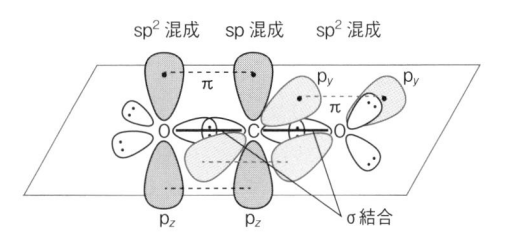

C 原子は sp 混成軌道を形成し，O 原子は sp^2 混成軌道を形成する. C 原子の sp 混成軌道と O 原子の sp^2 混成軌道から二つの π 結合が形成される. また O 原子の $2p_z$ 軌道と C 原子の $2p_z$ 軌道，および O 原子の $2p_y$ 軌道と C 原子の $2p_y$ 軌道から二つの π 結合が形成される.

2・5 a) Xe の電子配置は $[Kr]4d^{10}5s^25p^6$ であり，$5s^25p^6$ から空の 5d 軌道へ 2 個の電子を励起して sp^3d^2 混成軌道をつくる. これにより 1 個の電子のみに占められる原子軌道が四つできるので，これらが 4 個の F と結合をつくる. sp^3d^2 混成軌道には 6 個の原子軌道があるので，結合をつくらない 2 個の軌道は非共有電子対をもつ. 6 個の sp^3d^2 混成軌道は Xe を中心に正八面体の頂点の方向に向いているが，VSEPR に基づき二つの非共有電子対の反発が最も少なくなるように，下図(a) のような構造となる. すなわち，XeF_4 は平面四角形（正方形）の構造をもつ.

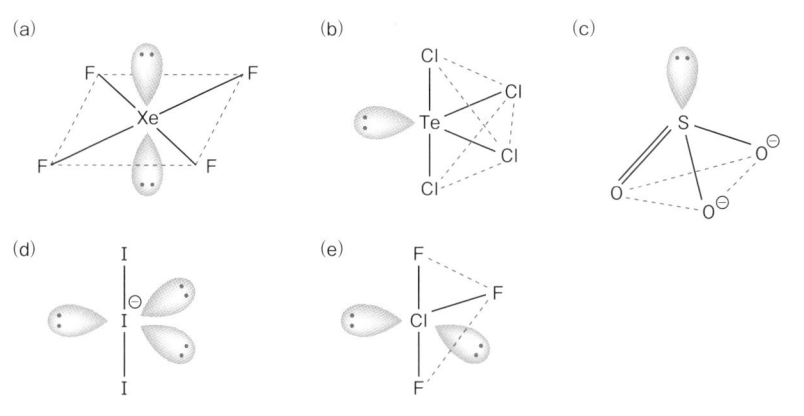

混成軌道と VSEPR から予想される分子の構造. (a) XeF_4，(b) $TeCl_4$，(c) SO_3^{2-}，(d) I_3^-，(e) ClF_3

b) Te の $5s^25p^4$ から 5d 軌道に電子が 1 個励起され，sp^3d 混成軌道が形成される．混成軌道の五つの原子軌道のうち四つは 1 個の電子に占められるのでこれが Cl と結合し，残りの一つの原子軌道に非共有電子対が入る．sp^3d 混成軌道は三方両錐の構造をつくり，VSEPR に基づき非共有電子対による静電的な反発力を最小にするため，図(b) のような構造となる．

c) S の $3s^23p^4$ から sp^3 混成軌道がつくられるため，$SO_3{}^{2-}$ は正四面体形の構造となり，四つの頂点のうち三つが O によって占められる（図(c)）．S の 6 個の価電子のうち 1 個は O との π 結合に使われ，3 個は O と σ 結合をつくり，残りの 2 個が非共有電子対となる．

d) I は $5s^25p^5$ の電子配置をもち，空の 5d 軌道に 1 個の電子を励起して sp^3d 混成軌道を形成する．五つの軌道のうち，三つは 1 個の電子に占められ，二つは 2 個の電子に占められている．前者のうち二つは I と結合し，陰イオンとなるためもう一つの軌道に 1 個の電子が加えられる．つまり，非共有電子対が 3 個となるため，これらの反発力を最小にするために図(d) のような配置となる．すなわち，$I_3{}^-$ は直線形である．

e) ClF_3 では Cl が 3s，3p，3d 軌道から sp^3d 混成軌道を形成するので，d) の $I_3{}^-$ と同様の状況となるが，非共有電子対が 2 個，結合している原子が 3 個（F）であるので，図(e) のような T 字形の構造となる．

2・6 NH_3 では，3 本の N−H 結合において N が $\delta-$ に，H が $\delta+$ に荷電し，三角錐形をしており，双極子モーメントは互いに強めあう．さらに N の非共有電子対が分子全体の双極子モーメントを強める．そのため，極性が大きくなる．一方，NF_3 では，3 本の N−F 結合では N が $\delta+$ に，F が $\delta-$ に荷電し，同様に双極子モーメントは互いに強めあうが，N の非共有電子対による効果は分子全体の双極子モーメントとは逆向きにはたらく．そのため，NF_3 の極性は NH_3 よりもかなり小さくなる．

2・7 例題 2・15 と同様の手順により，KF 結晶の格子エネルギーは 825.9 kJ mol^{-1} と計算される．LiF の格子エネルギーは 1049 kJ mol^{-1}（例題 2・15）であるので，格子エネルギーは KF < LiF である．Li^+ の方が K^+ よりもイオン半径が小さいため，近接する陽イオン・陰イオン間距離は LiF の方が KF よりも小さい．このために格子エネルギーは LiF の方が KF よりも大きくなる．（(2・8)式は近接する陽イオン・陰イオン間距離が小さく，マーデルング定数が大きく，イオンの電荷の絶対値が大きいほど格子エネルギーが大きくなることを示している．LiF と KF では結晶構造が同じであるためマーデルング定数は等しく，また，イオンの電荷の絶対値も等しい．異なるのはイオン間距離だけである．)

3 章

3・1　水素ガスを実験室レベルで発生させる方法には，亜鉛やアルミニウムと塩酸あるいは希硫酸との反応がある．亜鉛と塩酸の反応ではイオン化傾向の大きい亜鉛が溶解して Zn^{2+} となる．

$$Zn + 2HCl \longrightarrow ZnCl_2 + H_2$$

また，工業的に製造する方法は，水性ガスの反応，石油や天然ガスの変成，水の電気分解などである．水性ガスは 1000 ℃ 以上でのコークスと水蒸気の反応

$$C + H_2O \longrightarrow CO + H_2$$

で発生し，さらに酸化鉄などを触媒として 450 ℃ ほどの高温で，

$$CO + H_2O \longrightarrow CO_2 + H_2$$

の反応を行わせると，水素ガスが得られる．石油や天然ガスの変成に基づく方法では，それらに含まれる炭化水素の反応を用いる．たとえばメタンでは，ニッケルなどを触媒として，高温で，

$$CH_4 + H_2O \longrightarrow CO + 3H_2$$

の反応が起こる．さらに，水の電気分解では，水酸化ナトリウムの希薄水溶液に対し，陰極に鉄，陽極にニッケルめっきした鉄を用いて，陰極から発生する水素ガスを捕集する．

3・2　1）水素結合のため H_2O 分子間の結合力は強くなり，酸素と同族の元素の水素化合物である H_2S, H_2Se, H_2Te と比べると H_2O の融点や沸点は高くなる．

2）日常見られる氷の結晶では，一つの水分子が他の水分子と水素結合を形成し，4 個の水分子に取囲まれた正四面体構造をとる（下図(a)）．それぞれの水分子は正四面体の中心と頂点に酸素がくるように配置している．このような水の正四面体構造が基本単位となり規則的な構造をつくるため，氷の結晶構造は隙間の多い開放的なものとなる（下図(b)）．

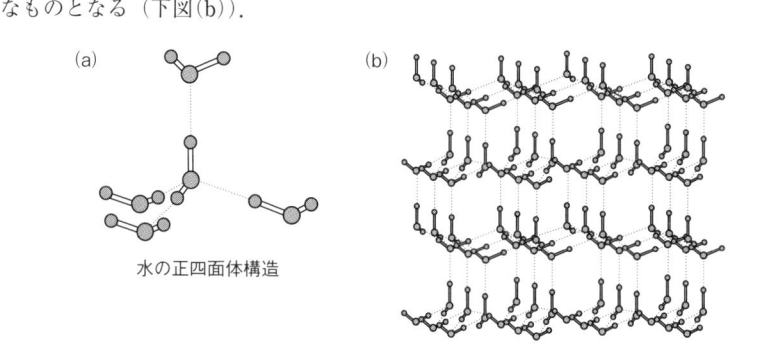

(a)　(b)

水の正四面体構造

3・3　貴ガスのうち，Ar, Kr, Xe はヒドロキノンや水と包接化合物をつくる．

たとえば水分子は下図のようなかご状のホスト格子をつくり，貴ガス原子がかごの中に収容される．アルカリ金属元素を含む包接化合物には，環状のポリエーテルで

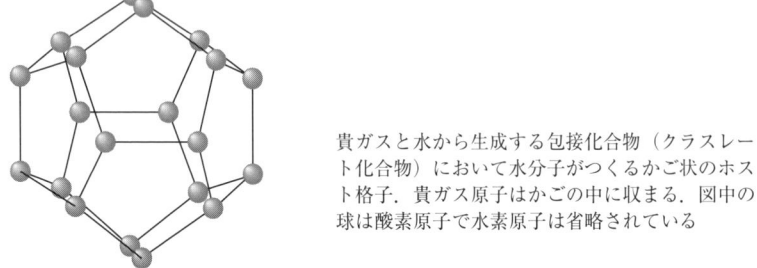

貴ガスと水から生成する包接化合物（クラスレート化合物）において水分子がつくるかご状のホスト格子．貴ガス原子はかごの中に収まる．図中の球は酸素原子で水素原子は省略されている

あるクラウンエーテルとアルカリ金属イオンとからなる化合物がある．下図はカリウムイオンにクラウンエーテル（18-クラウン-6）の 6 個の酸素原子が配位した包接化合物である．

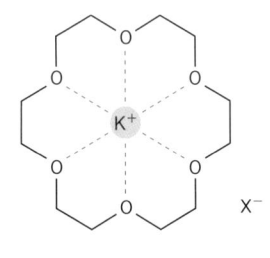

カリウムイオンとクラウンエーテルからできる包接化合物 18-クラウン-6・KX 錯体．X はハロゲン原子

3・4　アルカリ金属が液体アンモニアに溶解すると，アルカリ金属原子は電子を放出して 1 価の陽イオンに変わる．電子はアンモニア分子を分極し，アンモニア分子は静電的な引力により電子に引き寄せられて電子を取囲む．この溶媒和電子が着色の原因となる．

3・5　Li と Mg は周期表において互いに対角線上にあり，互いに元素の性質が似ている．たとえば，Li_2CO_3 の熱的安定性は他のアルカリ金属炭酸塩と比べて低く，加熱すると比較的低温で Li_2O と CO_2 に分解する．同様に，$MgCO_3$ も他のアルカリ土類金属炭酸塩と比較すると熱分解の温度が低い．また，Li の単体は N_2 と反応して Li_3N を生成する．この反応は他のアルカリ金属では見られない．同じように，Mg の単体も N_2 と反応して Mg_3N_2 を生じる．このような元素間の性質の類似は，Be と Al，B と Si などにも見られる．いずれの組合わせにおいても後者の元素は前者に対して周期表で斜め右下にあるため，対角関係とよばれる．

3・6　1）Mg(OH)$_2$, Ca(OH)$_2$, Sr(OH)$_2$, Ba(OH)$_2$ は塩基性であるが，Be(OH)$_2$ は両性で酸にもアルカリにも溶解する．

2）MgO, CaO, SrO, BaO の結晶は塩化ナトリウム型構造であるが，BeO の結晶はウルツ鉱型構造をもつ．前者ではアルカリ土類金属イオンに配位する酸化物イオンの数は 6 個であるが，後者では Be^{2+} の配位数は 4 である．

3・7　陽イオンと陰イオンとの間の静電的な引力は，電荷が同じであれば結合距離が短いほど強い．MCO$_3$ と MO を比較すると，炭酸イオンは酸化物イオンより大きいため結合力は後者の方が強いが，陽イオンが Ba^{2+} のように大きいイオン半径をもつ場合はイオン間距離が陽イオンのイオン半径に支配されるので，MCO$_3$ が MO に変化したときの相対的なイオン間距離の減少は小さくなり，結合力の変化も少ない．これに対して陽イオンが Mg^{2+} のように小さいイオン半径をもつ場合には，MCO$_3$ が MO に変わるとイオン間距離は大きく減少するため結合力の増加にともなう安定化の割合も大きい．このため，アルカリ土類金属の原子番号が小さくなるほど低温でも熱分解が進む．

3・8　下図のようになる．

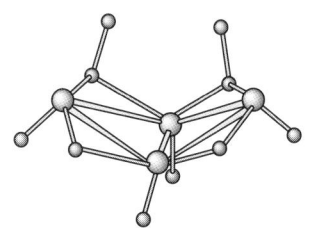

nido-B$_5$H$_9$　　　　　　　*arachno*-B$_4$H$_{10}$

3・9　1）12.000 u × 0.9893 + 13.003 u × 0.0107 = 12.01 u から，炭素の原子量は 12.01 となる．元素の原子量は，同位体が存在する場合は，それぞれの相対原子質量にその存在比を掛けて足した値を統一原子質量単位（u）で割った数値（無次元）に相当する．

2）放射性親核種が他の核種へ壊変する速さは，親核種の総原子数を N 個とすると，反応速度式 dN/dt = $-\lambda N$ に従う．ここで λ は親核種の壊変定数である．最初の親核種の原子数を N_0 とすると，時間 t 経過後の親核種の原子数 N は，

$$N = N_0 \exp(-\lambda t) \tag{1}$$

と表される．半減期 $t_{1/2}$ は，$N/N_0 = 1/2$ となるのに必要な時間であり，$N = N_0/2$

を (1)式に代入すると, $N_0/2 = N_0 \exp(-\lambda t_{1/2})$ となる. よって, $\lambda t_{1/2} = \ln 2$ より,

$$t_{1/2} = \frac{\ln 2}{\lambda} = \frac{2.303 \log 2}{\lambda} = \frac{0.693}{\lambda}$$

求める半減期は, $0.693/(3.9 \times 10^{-12}\,\mathrm{s}^{-1}) = 1.77 \times 10^{11}\,\mathrm{s}$.

3・10

塩類似炭化物: Na_2C_2, Al_4C_3, CaC_2, ZnC_2

侵入型炭化物: Cr_3C_2, FeC_3

共有性炭化物: B_4C, SiC

3・11 グラファイトは炭素原子の6員環からなる平面構造が何層にも積み重なった構造をしており, 層間には弱いファン デル ワールス力がはたらく (例題3・11 参照). 層と層の間に他の化学種が挿入され層間化合物を生成する. 炭素原子の電気陰性度 (ポーリングの値) は 2.55 で中間的な値であるため, 電子受容体としても電子供与体としても作用することができる. グラファイトは, アルカリ金属が挿入される場合には電子受容体となり, ハロゲンが挿入される場合には電子供与体となる.

3・12 アンモニアは弱塩基であり, 水に溶けるとつぎのようにアンモニウムイオンと水酸化物イオンを生成する.

$$NH_3 + H_2O \longrightarrow NH_4^+ + OH^-$$

ヒドラジン N_2H_4 も水に溶けると水酸化物イオンを放出して塩基性を示すが, アンモニアより弱い塩基である. 反応はつぎのように進む.

$$N_2H_4 + H_2O \longrightarrow N_2H_5^+ + OH^-$$
$$N_2H_5^+ + H_2O \longrightarrow N_2H_6^{2+} + OH^-$$

これらに対して, アジ化水素 HN_3 は弱酸である.

3・13 1) 銅は希硝酸と反応して一酸化窒素を生じる. また, 銅と濃硝酸との反応では二酸化窒素が生成する. これらの反応はつぎのようになる.

$$3Cu + 8HNO_3 \longrightarrow 2NO + 3Cu(NO_3)_2 + 4H_2O$$
$$Cu + 4HNO_3 \longrightarrow 2NO_2 + Cu(NO_3)_2 + 2H_2O$$

2) 濃硝酸と鉄との反応で, 鉄の表面に厚さ数 nm 程度の酸化物の皮膜がつくられる. この膜は外部からの H_2O 分子などの侵入を防ぎ, 鉄がさらに酸化する反応を抑制するため, 腐食が進行しない (不動態).

3・14 1) 例として, 水酸化アルミニウムの反応を示す. 水酸化アルミニウムは酸および塩基のいずれとも反応し, 酸性溶液中では,

$$Al(OH)_3 + 3H^+ \longrightarrow Al^{3+} + 3H_2O$$

により溶解し, アルカリ性溶液中では,

$$Al(OH)_3 + OH^- \longrightarrow Al(OH)_4^-$$

により溶ける．このため水酸化アルミニウムは両性水酸化物とよばれる．

2) 金属のアルミニウムは天然に存在する鉱物のボーキサイトからつくられる．ボーキサイトは $Al(OH)_3$ や $AlO(OH)$ を含んでおり，これを水酸化ナトリウム水溶液に溶かして鉄などの不純物を除いたあと，二酸化炭素を通じて水酸化アルミニウムを再び沈殿させる．沈殿を焼成して Al_2O_3 に変え，これを 800〜1000 ℃ で氷晶石（Na_3AlF_6）の融液に溶かし，溶融塩の電気分解によってアルミニウムの単体を得る．

3) アルミニウムの単体と遷移金属酸化物を混合して加熱すると，遷移金属より酸化されやすいアルミニウムの単体は遷移金属酸化物を還元する．アルミニウムの単体が酸化される際に大量の熱が放出されるので，酸化物の還元により生成する遷移金属は融解する．これを冷却すると，塊状の遷移金属が得られる（テルミット法）．

4) トリエチルアルミニウムとエチルリチウムとの反応は，

$$(C_2H_5)_3Al + C_2H_5Li \longrightarrow (C_2H_5)_4Al^-Li^+$$

のように進行し，アート錯体の一種であるテトラエチルアルミニウム酸(1−)リチウムが生成する．

3・15　例題 3・19 の (3・26) 式より，pH = 0.5 の水溶液に含まれる硫化物イオンの濃度は $[S^{2-}] = 10^{-21}\,mol\,dm^{-3}$ となる．Bi_2S_3 の溶解度積は $10^{-71.8}$ であるから，

$$[Bi^{3+}]^2[S^{2-}]^3 = 10^{-71.8}$$

より，$[Bi^{3+}] = 10^{-4.4}\,mol\,dm^{-3}$ が得られる．同様に CoS の溶解度積を用いると $[Co^{2+}] = 10^{-0.3}\,mol\,dm^{-3}$ が導かれる．つまり，水溶液中に溶けている Bi^{3+} の濃度は $10^{-4.4}\,mol\,dm^{-3}$ と小さく Bi^{3+} は Bi_2S_3 の沈殿として析出しているが，Co^{2+} は 0.50 $mol\,dm^{-3}$ と十分高い濃度で水に溶けている．よって，Bi^{3+} と Co^{2+} の混合溶液の pH を 0.5 に調整して十分な量の H_2S を通じれば，Bi^{3+} は沈殿し，Co^{2+} は水溶液中に残るため両者を分離できる．

3・16　1) 一般に類似の構造をもつ分子では，分子が大きくなるほど沸点が高くなる．これは大きい分子ほど分子内の電気双極子モーメントが大きくなり，分子間の静電的な相互作用（ファン デル ワールス力）が強くなるからである．このため，HCl，HBr，HI の順に沸点は増加する．しかし，HF では F の大きな電気陰性度のため電子はフッ素に強く引きつけられており，HF 分子間にはファン デル ワールス力より強い水素結合がはたらく．このため，HF の沸点は四つのハロゲン化水素のなかで最も高くなる．

2) HF の水溶液であるフッ化水素酸は弱酸であり，HCl，HBr，HI の水溶液である塩酸，臭化水素酸，ヨウ化水素酸はいずれも強酸である．ハロゲンの原子番号

が増加するにつれて，ハロゲン化水素の酸としての強さは強くなる．

3）フッ化水素酸には侵食性があり，シリカガラスなどを容易に溶解する．この反応は，以下のように進行する．

$$4HF + SiO_2 \longrightarrow SiF_4 + 2H_2O$$

3・17　1）単体はいずれも金属であるが，常温・常圧で亜鉛とカドミウムは固体，水銀は液体である．

2）$Zn(OH)_2$ は両性であるが，$Cd(OH)_2$ と $Hg(OH)_2$ は塩基性である．

3）MgO において，Mg^{2+} と O^{2-} の結合はイオン結合が主であるが，ZnO では Zn^{2+} と O^{2-} との結合に共有結合性が生じ，Zn^{2+} は完全なイオン結合とは異なり方向性をもつ結合をつくる．このため ZnO では Zn^{2+} に 4 個の O^{2-} が四面体形に配位し，結晶構造はウルツ鉱型となるが，MgO では Mg^{2+} に 6 個の O^{2-} が八面体形に配位し，結晶構造は塩化ナトリウム型となる．

4）カドミウムの核種の一つである ^{113}Cd は熱中性子の捕獲断面積が非常に大きい．この性質を利用して，Ag-In-Cd 系の合金が原子炉の制御材として用いられている．

5）亜鉛とカドミウムでは 2 価の陽イオン（Zn^{2+} と Cd^{2+}）が安定であるが，水銀では Hg^{2+} に加えて Hg_2^{2+}（$[Hg-Hg]^{2+}$）というイオンも存在する．

3・18　タリウムではアルカリ金属と同様，+1 の酸化状態が安定である．Tl_2O や TlOH はアルカリ金属の酸化物や水酸化物と同じように水に溶けると強塩基性を示す．また，タリウムのオキソ酸塩（硝酸塩，炭酸塩，硫酸塩，リン酸塩など）はアルカリ金属のそれぞれのオキソ酸塩と結晶構造が同じであり，TlI の高温型，TlCl，TlBr は CsCl と同じく塩化セシウム型構造の結晶となる．

3・19　a）Co: 0，b）Mo: +6，c）Mn: −3，d）Cr: +6，e）Mn: +5，f）Os: +8，g）Au: +3，h）V: −3

3・20　ハロゲン化アルキル RX（R はアルキル基，X は塩素，臭素）と金属リチウムとの反応

$$RX + 2Li \longrightarrow RLi + LiX$$

によって合成することができる．

3・21　a）イリジウム（I）の錯体の一種である $[Ir(CO)Cl(PPh_3)_2]$ のことをいう．下図のような平面四角形の構造をもち，オレフィン（アルケン）の水素添加反応の触媒として用いられる．

バスカ錯体

b）*cis*-[PtCl$_2$(NH$_3$)$_2$] の化学式で表される *cis*-ジアンミンジクロリド白金(II) 錯体のことをいう．抗がん剤として用いられる．

c）下図のようにホウ素と窒素が交互に結合して 6 員環をつくり，それぞれの原子に水素が 1 個ずつ結合した分子をボラジンという．ベンゼンに似た構造をもつため，無機ベンゼンとよばれる．

ボラジンの構造

d）ボラン類のホウ素の一部を炭素で置換した分子をカルボランという．B$_{10}$C$_2$H$_{12}$，B$_4$C$_2$H$_8$ などがある．構造を下図に示す．

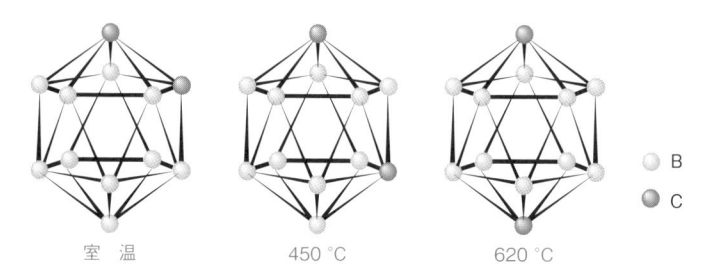

室　温　　　　　　　450 ℃　　　　　　　620 ℃

○ B
● C

カルボランの一種である B$_{10}$C$_2$H$_{12}$ の構造．温度とともに構造が変化する

e）プルシアンブルーは Fe^{2+} と Fe^{3+} を含む化合物で，次ページの図左のようにシアン化物イオンが橋かけした多孔質構造をもつ．シアン化物イオンは両座配位子（例題 5・1 参照）としてはたらき，炭素原子と窒素原子が鉄イオンに配位結合して 3 次元的な構造を形成する．

f）ヒドロキシアパタイトはリン酸カルシウム化合物の一種であり，その組成式は Ca$_{10}$(PO$_4$)$_6$(OH)$_2$（分子量は約 1005）で表され，Ca, P, OH サイトはさまざまなイオンで置換される．次ページの図右のように，結晶構造は六方晶系に属し，Ca^{2+} はカラム状 Ca(I) とらせん状 Ca(II) の 2 種類があり，らせん状 Ca は三角

形の頂点に位置し，カラム状 Ca はトンネル状の構造をとっている．骨や歯の主要な構成物質であり，生体材料として広く利用されている．

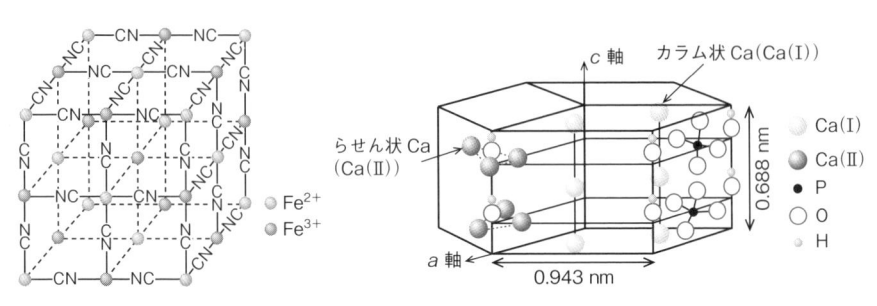

プルシアンブルーの構造　　　　　ヒドロキシアパタイトの結晶構造

4 章

4・1　酸としての HCl 酸塩基平衡式は，

$$HCl + H_2O \rightleftharpoons H_3O^+ + Cl^-$$

したがって HCl の K_a は，

$$K_a(HCl) = \frac{a(H_3O^+) \times a(Cl^-)}{a(HCl)} = 10^7$$

一方，Cl^- の塩基としての酸塩基平衡式は，

$$Cl^- + H_2O \rightleftharpoons HCl + OH^-$$

したがって Cl^- の K_b は，

$$K_b(Cl^-) = \frac{a(HCl) \times a(OH^-)}{a(Cl^-)}$$

これらより，

$$K_a(HCl) \times K_b(Cl^-) = a(H_3O^+) \times a(OH^-)$$

となるが，$a(H_3O^+) \times a(OH^-)$ は温度のみによって決まる定数（水の自己プロトリシス定数，あるいは水のイオン積）であり，25 ℃ で 10^{-14} である．したがって Cl^- の K_b は，

$$K_b(Cl^-) = \frac{10^{-14}}{10^7} = 10^{-21}$$

となる．同様に NH_4^+ の K_a は NH_3 の K_b から，

$$K_a(NH_4^+) = \frac{a(H_3O^+) \times a(OH^-)}{K_b(NH_3)} = \frac{10^{-14}}{1.8 \times 10^{-5}} = 5.6 \times 10^{-10}$$

よって $K_a(HCl) > K_a(NH_4^+)$ であるので，HCl の方が NH_4^+ よりも強い酸．K_b $(NH_3) > K_a(Cl^-)$ であるので，NH_3 の方が Cl^- よりも強い塩基．

4・2　酸 HA の K_a は，

$$K_a = \frac{a(A^-) \times a(H_3O^+)}{a(HA)}$$

である．一方，酸 HA の共役塩基 A^- の K_b は，

$$K_b = \frac{a(HA) \times a(OH^-)}{a(A^-)}$$

である．したがって，K_a と K_b の積は，

$$K_a K_b = \left\{ \frac{a(A^-) \times a(H_3O^+)}{a(HA)} \right\} \times \left\{ \frac{a(HA) \times a(OH^-)}{a(A^-)} \right\}$$
$$= a(H_3O^-) \times a(OH^-) = 10^{-14}$$

となる．

4・3　塩基としての NH_3 の酸塩基平衡式は，

$$NH_3 + H_2O \rightleftharpoons NH_4^+ + OH^-$$

したがって NH_3 の K_b は，

$$K_b = \frac{a(NH_4^+) \times a(OH^-)}{a(NH_3)} = 1.8 \times 10^{-5}$$

$1\,dm^3$ のアンモニア水溶液中で，$0.001\,mol$ の NH_3 のうち $x\,mol$ がプロトンを受け取ったとすると，平衡状態では，

$$a(NH_4^+) = a(OH^-) \approx x \qquad および \qquad a(NH_3) \approx 0.001 - x$$

が成り立つ．したがって，

$$\frac{x^2}{0.001 - x} = 1.8 \times 10^{-5}$$

これを x について解くと，$x = 1.3 \times 10^{-4}$ となる．したがって，$[NH_3] = 8.7 \times 10^{-4}\,mol\,dm^{-3}$，$[NH_4^+] = 1.3 \times 10^{-4}\,mol\,dm^{-3}$，$[OH^-] = 1.3 \times 10^{-4}\,mol\,dm^{-3}$，$[H_3O^+] = 7.7 \times 10^{-11}\,mol\,dm^{-3}$

4・4　塩化銅(I)のモル溶解度を $x\,mol\,dm^{-3}$ とすると，$x(0.01 + x) = 1.0 \times 10^{-6}$ が成り立ち，これを x について解くと，$x = 9.9 \times 10^{-5}\,mol\,dm^{-3}$ となる．

4・5　図 4・4 において，$H_2(g)$ を $Cl_2(g)$ に，$H^+(aq)$ を $Cl^-(aq)$ に変えればよい．電位反応は，$Zn(s) + Cl_2(g) \rightarrow Zn^{2+}(aq) + 2Cl^-(aq)$．

4・6　この電池の標準起電力は，

$$E_{cell}^{\circ} = E_R^{\circ} - E_L^{\circ} = -0.23\,V - 0.80\,V = -1.03\,V$$

となる．電池の起電力はつぎのネルンストの式より，

$$E_{cell} = E_{cell}^{\circ} - \frac{RT}{\nu F} \ln \frac{a(Ag^+)^2}{a(Ni^{2+})}$$

$$= -1.03\,V - \frac{8.31\,J\,K^{-1}\,mol^{-1} \times 298\,K}{2 \times 96500\,C\,mol^{-1}} \ln \frac{0.01^2}{0.05} = -0.95\,V$$

よって $E_{cell} < 0$ となり，この電池反応は自発的に進行しない．（逆反応が自発的に進行する．）

4・7 電池反応は，

$$Fe(s) + Cu^{2+}(aq) \longrightarrow Fe^{2+}(aq) + Cu(s)$$

この電池の標準起電力は，

$$E_{cell}^{\circ} = E_R^{\circ} - E_L^{\circ} = +0.34\,V - (-0.44\,V) = +0.78\,V$$

よって，電池の起電力は，

$$E_{cell} = E_{cell}^{\circ} - \frac{RT}{\nu F} \ln \frac{a(Fe^{2+})}{a(Cu^{2+})}$$

であるから，$a(Fe^{2+})/a(Cu^{2+}) < 1$，すなわち $a(Fe^{2+}) < a(Cu^{2+})$ となるようにすれば，E_{cell} は増大する．したがって，$Fe(s)\,|\,Fe^{2+}(aq)$ 側の水溶液に水を加えて，$a(Fe^{2+})$ を減少させれば E_{cell} は増大する．

4・8 電池反応は，

$$Zn(s) + Cu^{2+}(aq) \longrightarrow Zn^{2+}(aq) + Cu(s)$$

である．

$$E_{cell} = E_{cell}^{\circ} - \frac{RT}{\nu F} \ln \frac{a(Zn^{2+})}{a(Cu^{2+})} = 0\,V$$

のとき，電流は流れなくなる．

$$E_{cell}^{\circ} = E_R^{\circ} - E_L^{\circ} = +0.34\,V - (-0.76\,V) = +1.10\,V$$

であるから，

$$E_{cell} = +1.10 - \frac{RT}{\nu F} \ln \frac{a(Zn^{2+})}{a(Cu^{2+})} = 0$$

よって，

$$\frac{a(Zn^{2+})}{a(Cu^{2+})} = \exp\left(\frac{2 \times 96500 \times 1.10}{8.31 \times 298}\right) = 1.7 \times 10^{37}$$

のようになる．

4・9 ルイス酸とルイス塩基は“硬さ”という概念に基づいて，以下のように定義される．電荷密度が高く分極しにくいイオンや分子が“硬い”酸・塩基となり，電荷密度が低く分極しやすいイオンや分子が“軟らかい”酸・塩基となる（発展問題4・1参照）．

5 章

5・1　下図に示した 2 種類の幾何異性体がある．(a) は *fac*, (b) は *mer* と名づけられている．

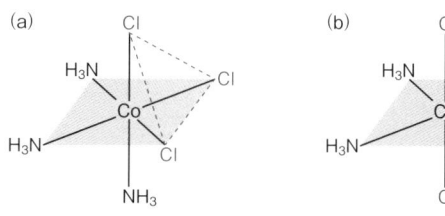

5・2　下図参照．*l* 形および *d* 形の鏡像異性体 (光学活性な異性体) が存在する．ここでエチレンジアミン (en) の構造は簡略化している．

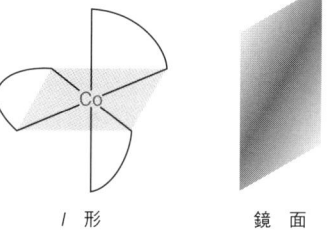

l 形　　　　　　鏡　面　　　　　　*d* 形

5・3

a) Ba[BrF$_4$]$_2$,　b) [Cr(C$_6$H$_6$)(CO)$_3$],　c) K[Co(edta)]

d) [Br$_2$Pt(S(CH$_3$)$_2$)$_2$PtBr$_2$],　e) [Pt(py)$_4$][PtCl$_4$]

5・4　図に示されているイオンのうち，Ca^{2+}(3d^0)，Mn^{2+}(3d^5)，Zn^{2+}(3d^{10}) の結晶場安定化エネルギーはゼロであるため，これらのイオンの水和エンタルピーは破線のようにほぼ一つの直線上にのる．他のイオンについては，破線から予想される値と実測値 (黒丸) との差が結晶場安定化エネルギーに相当する．アクア錯体では高スピン状態となるから，八面体結晶場について結晶場安定化エネルギーを計算すると，たとえば Fe^{2+}，Co^{2+}，Ni^{2+}，Cu^{2+} に対して，$-4Dq$，$-8Dq$，$-12Dq$，$-6Dq$ となり，図に見られる変化と定性的に一致する．

5・5　中心金属イオンの最外殻の d 軌道は，Co^{3+} が 3d，Rh^{3+} が 4d，Ir^{3+} が 5d であって，最も外側に広がっている 5d 軌道において配位子の負電荷との相互作用 (静電的な反発力) が最大であり，逆に 3d 軌道において相互作用は最も小さい．このため，*Dq* は [Co(NH$_3$)$_6$]$^{3+}$，[Rh(NH$_3$)$_6$]$^{3+}$，[Ir(NH$_3$)$_6$]$^{3+}$ の順に大きくなる．

5・6　a) Cr^{3+} は 3d^3 の状態であるから，高スピンの場合も低スピンの場合も電

子配置は t_{2g}^3 となる. $S = (1/2) \times 3 = 3/2$ であるから, 有効ボーア磁子数は,

$$p = 2\sqrt{\frac{3}{2}\left(\frac{3}{2}+1\right)} = 3.87$$

と計算される.

b) Mn^{2+} は $3d^5$ であるから, 例題 5・5 で扱った Fe^{3+} と同じである. よって高スピン状態では,

$$p = 2\sqrt{\frac{5}{2}\left(\frac{5}{2}+1\right)} = 5.92$$

低スピン状態では,

$$p = 2\sqrt{\frac{1}{2}\left(\frac{1}{2}+1\right)} = 1.73$$

c) $3d^6$ であるから, 高スピンでは $S = (+1/2) \times 5 + (-1/2) \times 1 = 2$ より, $p = 2\sqrt{2(2+1)} = 4.90$, 低スピンでは $S = (+1/2) \times 3 + (-1/2) \times 3 = 0$ より, $p = 0$.

5・7 $[Ni(CN)_4]^{2-}$ は平面四角形の構造をもち, 強い結晶場を与える CN^- が配位しているため低スピン状態となる. エネルギー準位と電子配置は下図のようになり, 3d 軌道の 8 個の電子はすべて対になって各エネルギー準位を占める. よって, スピン量子数は $S = 0$ となって錯体は反磁性を示す. 一方, $[NiCl_4]^{2-}$ は正四面体形の構造をもち, Cl^- が弱い結晶場をもたらすため Ni^{2+} は高スピン状態となる. このとき, 2 個の不対電子が生じるためスピン量子数は $S = 1$ となって錯体は常磁性を示す.

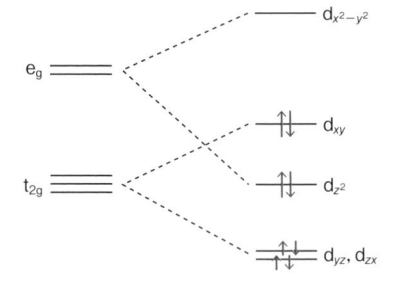

$[Ni(CN)_4]^{2-}$ における d 軌道の
エネルギー準位と電子配置

5・8 $[Co(NO_2)(NH_3)_5]Cl_2$ では窒素原子が, $[Co(ONO)(NH_3)_5]Cl_2$ では酸素原子がコバルトイオンに配位するため結晶場の大きさが異なる. したがって, 電子遷移の際に吸収される光の波長が異なるので, 違った色を呈する.

5・9 1) 遷移金属イオンの原子軌道のうち t_{2g} 軌道がホスフィンのリン原子の空の d 軌道と π 結合を形成する. 遷移金属イオンは正電荷をもつのでリン原子と比較して電気陰性度は大きい. よって, 電子は遷移金属イオンの t_{2g} 軌道に入る方

が安定になり，この準位のエネルギーはリン原子の d 軌道と比べて低くなる．この結果，分子軌道は下図(a)のように描くことができる．電子は中心金属イオンから配位子に提供されて結合が生じている（これを逆供与という）．図からわかるように，この系では π 結合ができることによって 10Dq の大きさは増加している．つまり，この配位子は強い結晶場を与える．

2) 配位子が電気陰性度の大きいフッ素のような場合には，下図(b)のように π 結合をつくる配位子の原子軌道のエネルギー準位が相対的に低くなるため，σ 結合のみを考慮した場合と比べて 10Dq は小さくなる．この場合は弱い結晶場となる．

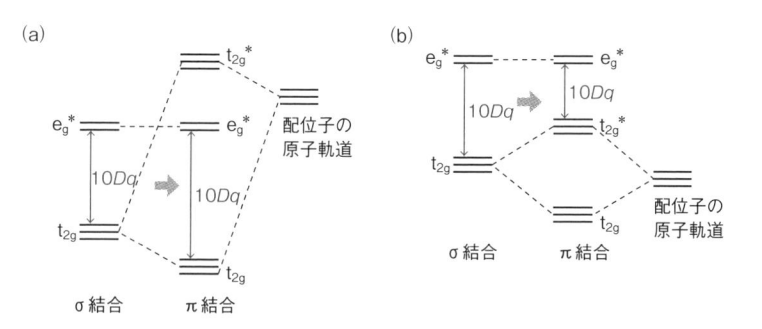

(a) ホスフィンが遷移金属イオンに配位する場合の π 結合の効果（逆供与）
(b) フッ化物イオンが遷移金属イオンに配位する場合の π 結合の効果

5・10　問題に与えられた構造を含め，さまざまな構造をもつ錯体のいくつかを次ページの表にまとめた．また，代表的な錯体の構造を次ページの図に示した．

5・11　2 種類の錯体が電子移動反応を起こす場合，両者が接近して活性錯合体をつくり，その状態で電子移動が起こったあと生成物への解離が進行する反応を外圏型機構という．この機構では金属イオンの配位圏が変化しない．$[Ru(NH_3)_6]^{2+}$ と $[Ru(NH_3)_5py]^{3+}$ の反応のように，反応する錯体が 2 種類とも置換不活性である場合に見られる．一方，内圏型機構では反応の中間段階で 2 種類の錯体が一つの配位子を共有する形の錯体を形成し，その段階で電子移動が起こって反応が進む．たとえば $[CoCl(NH_3)_5]^{2+}$ と $[Cr(H_2O)_6]^{2+}$ の反応では，$[(NH_3)_5Co^{III}-Cl-Cr^{II}(H_2O)_5]^{4+}$ で表される中間体が生じ，

$$[(NH_3)_5Co^{III}-Cl-Cr^{II}(H_2O)_5]^{4+} \longrightarrow [(NH_3)_5Co^{II}-Cl-Cr^{III}(H_2O)_5]^{4+}$$

のように電子移動が起こったのち，置換活性となった Co^{II} 錯体ではすべての配位子が溶媒の H_2O に置換され，最終的には $[CrCl(H_2O)_5]^{2+}$ や $[Co(H_2O)_6]^{2+}$ などが生成する．

配位数	構　造	錯体の具体例
1		$[AgSCN]$，$[2,4,6\text{-}(C_6H_5)_3C_6H_2Cu]$
2	直　線	$[Cu(NH_3)_2]^+$，$[Ag(NH_3)_2]^+$，$[AgCl_2]^-$，$[AuCl_2]^-$，
		$[Au(CN)_2]^-$，$[Hg(CN)_2]$
	折れ線	$[Co(N(SiCH_3(C_6H_5)_2)_2)_2]$
3	平面三角形	$[HgI_3]^-$，$[Cu(SP(CH_3)_3)_3]^+$
	三方錐	$[SbI_3]$
4	四面体	$[MX_4]^{2-}$（$M=Be^{2+}, Co^{2+}, Ni^{2+}, Zn^{2+}$，$X=Cl^-, Br^-, I^-$）
		$[Ni(CO)_4]$
	平面四角形	$[Ni(CN)_4]^{2-}$，$[PtCl_2(NH_3)_2]$
5	三方両錐	$[CuCl_5]^{3-}$
	四方錐	$[Ni(CN)_5]^{3-}$
6	八面体	$[Cr(H_2O)_6]^{3+}$，$[Co(NH_3)_6]^{3+}$ など多数
	三角柱	$[Re(S_2C_2(C_6H_5)_2)_3]$
	五方錐	$(NH_4)_3[Sb(ox)_3]\cdot 4H_2O$
7	五方両錐	$[V(CN)_7]^{4-}$，$[IF_7]$
	面冠三角柱	$[NbF_7]^{2-}$
	面冠八面体	$[Fe(edta)H_2O]^-$，$[W(CO)_4Br_3]^-$
8	立方体	$[UF_8]^{3-}$
	正方アンチプリズム	$[TaF_8]^{3-}$，$[Zr(acac)_4]$
	三角十二面体	$[Mo(CN)_8]^{4-}$
9	三面冠三角柱	$[ReH_9]^{2-}$
10	二重三方両錐	$[Ce(NO_3)_5]^{2-}$
12	三角二十面体	$[Ce(NO_3)_6]^{3-}$

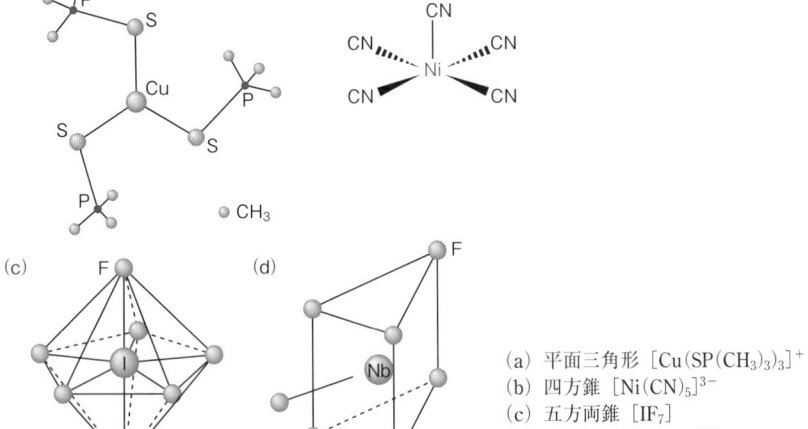

(a)　平面三角形　$[Cu(SP(CH_3)_3)_3]^+$
(b)　四方錐　$[Ni(CN)_5]^{3-}$
(c)　五方両錐　$[IF_7]$
(d)　面冠三角柱　$[NbF_7]^{2-}$

5・12　1) $NH_3 > NCS^- > Cl^-$

2) アダムソンの規則によれば，*trans* 位にある二つの配位子のつくる配位子場の平均値が最も弱くなるような配位子が最初に置換を受け，当該の二つの配位子のうち強い配位子場を与えるものが先に置換される．この場合，NCS^- が H_2O に置換されて *trans*-$[CrCl(H_2O)(NH_3)_4]^{2+}$ が生じる．

6 章

6・1　七つの結晶系は，三斜晶系，単斜晶系，直方晶系（斜方晶系），正方晶系，三方晶系（菱面体晶系），六方晶系，立方晶系．結晶軸の長さとなす角の関係は下表で与えられる．

晶　系	結晶軸の長さ	結晶軸のなす角
三斜晶	$a \neq b \neq c$	$\alpha \neq \beta \neq \gamma$
単斜晶	$a \neq b \neq c$	$\alpha = \gamma = 90° \neq \beta$
直方晶（斜方晶）	$a \neq b \neq c$	$\alpha = \beta = \gamma = 90°$
正方晶	$a = b \neq c$	$\alpha = \beta = \gamma = 90°$
三方晶（菱面体晶）	$a = b = c$	$\alpha = \beta = \gamma \neq 90°$
六方晶	$a = b \neq c$	$\alpha = \beta = 90°,\ \gamma = 120°$
立方晶	$a = b = c$	$\alpha = \beta = \gamma = 90°$

6・2　a) 面心立方格子，b) 面心立方格子，c) 単純立方格子，d) 単純立方格子．c) では立方体の隅を占める原子と中心の原子が異なる（同価ではない）ことから，体心立方格子ではないことに注意．同様に，d) も面心立方や体心立方格子ではない．

6・3　直方晶（斜方晶）系なので例題 6・3 の (6・2) 式を使う．三つの回折線に対して面間隔，h, k, l を代入してこれを解くと，$a = 0.538$ nm，$b = 0.562$ nm，$c = 0.765$ nm となる．

6・4　立方体 8 配位の限界半径比に等しい．単位格子の対角線の半分がイオン半径の和に相当するので，格子定数を a とすると，

$$r_A + r_C = \frac{\sqrt{3}}{2}a = \sqrt{3}\,r_A$$

したがって，$r_C/r_A = \sqrt{3} - 1 = 0.732$

6・5　陽イオンと陰イオンの最近接距離は塩化ナトリウム型構造では $a/2$，塩化セシウム型構造では $a\sqrt{3}/2$．したがって，アルカリ金属イオンの半径は，Li^+: 0.076 nm，Na^+: 0.101 nm，K^+: 0.134 nm，Cs^+: 0.176 nm

6・6 $Z = DN_A a^3 / M$ である（例題 6・5 参照）. $Z = 8$

6・7 許容因子（例題 6・7 参照）を計算すると，$SrCoO_3$ では $t = 1.0$ であるのに対し，$BaCoO_3$ では Ba^{2+} イオンが大きいため $t > 1.0$ となる.

6・8 密度の計算値は，鉄空格子点型（$Fe_{0.930}O$）では $5.709\ \mathrm{g\ cm^{-3}}$，格子間酸素型（$FeO_{1.075}$）では $6.139\ \mathrm{g\ cm^{-3}}$ となる. よって前者.

6・9 化学式は $(Zr_{1-x}Y_x)O_{2-x/2}$ である. Y_2O_3 固溶量の増加とともに空孔濃度が増加してイオン伝導度は増大するが，空孔濃度が大きくなると Y^{3+} と酸化物イオン空孔が会合しキャリヤー濃度が減少するため極大を描く.

6・10 固溶体 $(Zr_{1-x}Y_x)O_{2-x/2}$ においては，2種類の点欠陥が生じている. 一つは Zr^{4+} の占める格子点を Y^{3+} が占有したもので，相対的に 1 価の負電荷をもつことから，クレーガー–ビンクの表記法では Y'_{Zr} となる. もう一つは O^{2-} の空格子点で 2 価の正電荷をもち $V_O^{\cdot\cdot}$ で表される.

6・11 a）ほとんど変化しない. b）Mn^{2+} が Na^+ と置換して陽イオン空格子点ができる. よって，イオン伝導度は増大する. c）O^{2-} が Cl^- を置換して陰イオン空格子点をつくる. 主なキャリヤーは Na^+ であるが，Cl^- も移動できるのでイオン伝導度はわずかに増加する.

6・12 Si に P をドープしたのでドナー準位を形成する. 温度の逆数に対して抵抗率の対数をプロットすると図 A が得られる. 不純物領域の直線の傾きからドナー準位の深さは $E_D = 0.044\ \mathrm{eV}$，真性領域の傾きからは $E_a = E_g/2$ より $E_g = 1.1\ \mathrm{eV}$ となる（例題 6・17 参照，エネルギーの単位換算に注意）. バンド構造は図 B のとおり.

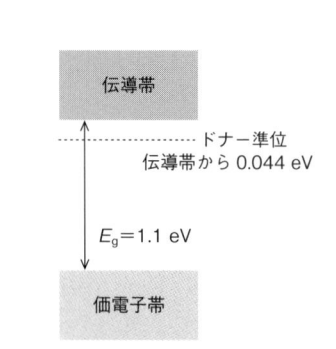

図 A P をドープした Si 半導体の抵抗率の温度変化

図 B バンド構造

6・13　原子核に対する電子雲の偏りである電子分極，陽イオンと陰イオンの相対的な位置の変化によるイオン分極，分子や構造単位にももともと存在する永久双極子の配向による配向分極の3種類がある．

6・14　電気的中性条件より Fe イオンはすべて3価．四面体位置の Li^+ 濃度を x とすると，イオン分布式は，

四面体位置: $Fe^{3+}_{1-x} + Li^+_x$　　　　および　　　　八面体位置: $Fe^{3+}_{1.5+x} + Li^+_{0.5-x}$

磁気モーメントの大きさは，$M = 5\mu_B(1.5+x) - 5\mu_B(1-x) = 2.6\mu_B$，したがって $x = 0.01$．四面体位置はほとんど Fe^{3+} が占有し，Li^+ は八面体位置に入る．

6・15　γ-Fe_2O_3 ではスピネル型構造の八面体位置の 1/6 が欠損し，化学式は $Fe(Fe_{5/3}\Delta_{1/3})O_4$ で表され，磁気モーメントの大きさは $3.3\mu_B$（Fe_3O_4 は $4\mu_B$）となる．したがって，磁気測定により両者を判別できる．

6・16　下図参照．金属であるため電気抵抗は温度の低下とともに減少し，臨界温度 T_c で急激に小さくなって臨界温度以下ではゼロになる．

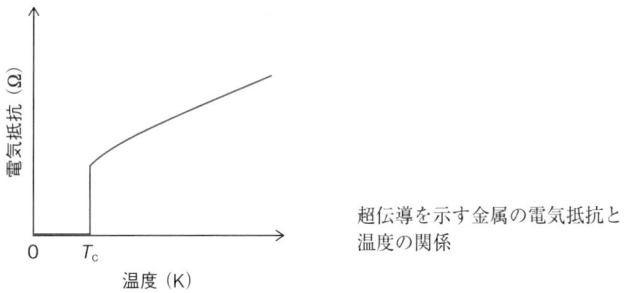

超伝導を示す金属の電気抵抗と
温度の関係

発展問題の解答

1 章

1・1 1) 例題 1・1 の (1・2)式において，パッシェン系列は $n_1 = 3$ であり，極限の波長は $n_2 = \infty$ で与えられるので，

$$\frac{1}{\lambda} = R\left(\frac{1}{3^2} - \frac{1}{\infty^2}\right) = R\left(\frac{1}{9} - 0\right) = \frac{R}{9}$$

$R = 1.097 \times 10^7\,\mathrm{m^{-1}}$ より，

$$\lambda = \frac{9}{R} = \frac{9}{1.097 \times 10^7\,\mathrm{m^{-1}}} = 8.204 \times 10^{-7}\,\mathrm{m} = 820.4\,\mathrm{nm}$$

2) イオン化エネルギーは電子を基底状態から無限遠まで取去るときに必要なエネルギーである．

$$\Delta E = hcR\left(\frac{1}{n_1{}^2} - \frac{1}{n_2{}^2}\right)$$

であるから，$n_1 = 1$, $n_2 = \infty$ とすると，

$$\Delta E = hcR = 6.626 \times 10^{-34}\,\mathrm{J\,s} \times 2.998 \times 10^8\,\mathrm{m\,s^{-1}} \times 1.097 \times 10^7\,\mathrm{m^{-1}}$$
$$= 2.179 \times 10^{-18}\,\mathrm{J}$$

この ΔE は，1 原子のイオン化エネルギーに相当するので，ΔE にアボガドロ定数 N_A をかけると，1 mol あたりのイオン化エネルギーになる．

$$N_A \Delta E = 6.022 \times 10^{23}\,\mathrm{mol^{-1}} \times 2.179 \times 10^{-18}\,\mathrm{J} = 1.312 \times 10^6\,\mathrm{J\,mol^{-1}}$$

1・2 1) 主量子数：$n = 1, 2, 3, \cdots, \infty$, 方位量子数：$l = 0, 1, 2, \cdots, n-1$, 磁気量子数：$m_l = -l, -l+1, \cdots, l$

2) つぎのような電子配置をもつ．

   a) 12 族元素：$n\mathrm{d}^{10}(n+1)\mathrm{s}^2$

   b) 第 4 周期の遷移元素：$3\mathrm{d}^x4\mathrm{s}^1$ または $3\mathrm{d}^x4\mathrm{s}^2$. ただし，$x = 1, 2, \cdots, 10$ で，$x = 4, 9$ はとらない．

   c) カルコゲン元素：$n\mathrm{s}^2n\mathrm{p}^4$

3) 2s 電子のスピン磁気量子数が 1s 電子と同じ場合と違う場合で，エネルギーが異なるため．同じ場合をオルトヘリウム，違う場合をパラヘリウムという．

4) 原子番号を Z, 原子から放出される特性 X 線の振動数を ν とすると，

$$\sqrt{\nu} = k(Z - \sigma)$$

の関係がある．ただし，k と σ は定数である．これは原子番号の意味を明確に表現

したもので，モーズレーの法則とよばれる．

1・3　1)

$$\int_{L/3}^{2L/3} \Psi^2 \mathrm{d}x = \int_{L/3}^{2L/3} \left(\frac{2}{L}\right) \sin^2 \frac{n\pi x}{L}\, \mathrm{d}x = \frac{1}{L} \int_{L/3}^{2L/3} \left(1 - \cos \frac{2n\pi x}{L}\right) \mathrm{d}x$$

より，$n=1$ では以下のようになる．

$$\int_{L/3}^{2L/3} \Psi^2 \mathrm{d}x = \frac{1}{L} \int_{L/3}^{2L/3} \left(1 - \cos \frac{2\pi x}{L}\right) \mathrm{d}x$$

$$= \frac{1}{3} - \left[\frac{1}{2\pi} \sin \frac{2\pi x}{L}\right]_{L/3}^{2L/3} = \frac{1}{3} + \frac{\sqrt{3}}{2\pi} \approx 0.610$$

2)　三次元の箱の内部ではポテンシャルエネルギーがゼロであるから，シュレーディンガー方程式は，

$$\nabla^2 \Psi \equiv \frac{\partial^2 \Psi}{\partial x^2} + \frac{\partial^2 \Psi}{\partial y^2} + \frac{\partial^2 \Psi}{\partial z^2} = -\frac{8\pi^2 m}{h^2} E\Psi \qquad ①$$

と書ける．解となる波動関数を，

$$\Psi(x, y, z) = X(x)Y(y)Z(z)$$

とおき，①式に代入すると，

$$\frac{1}{X}\frac{\partial^2 X}{\partial x^2} + \frac{1}{Y}\frac{\partial^2 Y}{\partial y^2} + \frac{1}{Z}\frac{\partial^2 Z}{\partial z^2} = -\frac{8\pi^2 mE}{h^2}$$

が得られ，さらに変数を分離して，

$$\frac{1}{X}\frac{\mathrm{d}^2 X}{\mathrm{d}x^2} = -k_x^2 \qquad \frac{1}{Y}\frac{\mathrm{d}^2 Y}{\mathrm{d}y^2} = -k_y^2 \qquad \frac{1}{Z}\frac{\mathrm{d}^2 Z}{\mathrm{d}z^2} = -k_z^2$$

とおくことができる．これらの解を，

$$X(x) = A_x \sin k_x x + B_x \cos k_x x$$
$$Y(y) = A_y \sin k_y y + B_y \cos k_y y$$
$$Z(z) = A_z \sin k_z z + B_z \cos k_z z$$

と仮定し，境界条件（たとえば $x=0$ のとき $\Psi=0$）から $X(x)$，$Y(y)$，$Z(z)$ を求めると，

$$\Psi(x, y, z) = A \sin \frac{n_1 \pi x}{a} \sin \frac{n_2 \pi y}{b} \sin \frac{n_3 \pi z}{c}$$

が導かれ（$A = A_x A_y A_z$ は定数），規格化条件から，最終的に，

$$\Psi(x, y, z) = \sqrt{\frac{8}{abc}} \sin \frac{n_1 \pi x}{a} \sin \frac{n_2 \pi y}{b} \sin \frac{n_3 \pi z}{c}$$

が得られる．

1・4　1) 2s軌道の動径分布関数（例題1・7の図1・5参照）は，

$$D(r) = 4\pi r^2 \Psi_{2s}{}^2(r) = \frac{r^2}{8a_0{}^3}\left(2 - \frac{r}{a_0}\right)^2 \exp\left(-\frac{r}{a_0}\right)$$

であり，これが最大となる r を求めればよい．

$$\frac{\mathrm{d}}{\mathrm{d}r}D(r) = \frac{1}{8a_0{}^3}r\left(2 - \frac{r}{a_0}\right)\left(4 - \frac{6r}{a_0} + \frac{r^2}{a_0{}^2}\right)\exp\left(-\frac{r}{a_0}\right)$$

であるから，下のような増減表を書けば，

r	0	$\cdots$	$(3-\sqrt{5})a_0$	$\cdots$	$2a_0$	$\cdots$	$(3+\sqrt{5})a_0$	$\cdots$
$\dfrac{\mathrm{d}D(r)}{\mathrm{d}r}$	0	$+$	0	$-$	0	$+$	0	$-$
$D(r)$	$D(0)$	↗	$D((3-\sqrt{5})a_0)$	↘	$D(2a_0)$	↗	$D((3+\sqrt{5})a_0)$	↘

のようになり，$r = (3\pm\sqrt{5})a_0$ において極大が得られ，特に，

$$r = (3+\sqrt{5})a_0$$

のときに $D(r)$ は最大になる．

2) Ψ_{2p_x}, Ψ_{2p_y}, Ψ_{2p_z} はつぎのように表される．

$$\Psi_{2p_x} = \frac{1}{\sqrt{2}}(\Psi_{2p,-1} + \Psi_{2p,+1}) = \frac{1}{8\sqrt{2\pi a_0{}^5}}r\exp\left(-\frac{r}{2a_0}\right)\sin\theta[\exp(-i\phi) + \exp(i\phi)]$$

$$= \frac{1}{4\sqrt{2\pi a_0{}^5}}\exp\left(-\frac{r}{2a_0}\right)r\sin\theta\cos\phi$$

$$\Psi_{2p_y} = \frac{i}{\sqrt{2}}(\Psi_{2p,-1} - \Psi_{2p,+1}) = \frac{i}{8\sqrt{2\pi a_0{}^5}}r\exp\left(-\frac{r}{2a_0}\right)\sin\theta[\exp(-i\phi) - \exp(i\phi)]$$

$$= \frac{1}{4\sqrt{2\pi a_0{}^5}}\exp\left(-\frac{r}{2a_0}\right)r\sin\theta\sin\phi$$

$$\Psi_{2p_z} = \Psi_{2p,0} = \frac{1}{4\sqrt{2\pi a_0{}^5}}\exp\left(-\frac{r}{2a_0}\right)r\cos\theta$$

極座標を直交座標に変えると，

$$\Psi_{2p_x} = \frac{1}{4\sqrt{2\pi a_0{}^5}}\exp\left(-\frac{r}{2a_0}\right)x$$

$$\Psi_{2p_y} = \frac{1}{4\sqrt{2\pi a_0{}^5}}\exp\left(-\frac{r}{2a_0}\right)y$$

$$\Psi_{2p_z} = \frac{1}{4\sqrt{2\pi a_0{}^5}}\exp\left(-\frac{r}{2a_0}\right)z$$

となり，それぞれ，x 軸，y 軸，z 軸の方向に沿った形状をもつ波動関数となる．た

とえば, Ψ_{2p_x} は $x=0$ のとき $\Psi_{2p_x}=0$ となるので, y 軸上, z 軸上には値をもたない.

2 章

2・1 1) O 原子は N 原子より電気陰性度が大きい. つまり, NO 分子の結合において電子は O 原子の方に引き寄せられており, これによって系が安定化する. このことが反映されて O 原子の 2s 軌道のエネルギー準位が低くなる.

2) 電子配置は下図のようになる. 不対電子が存在するため, NO 分子は常磁性を示す.

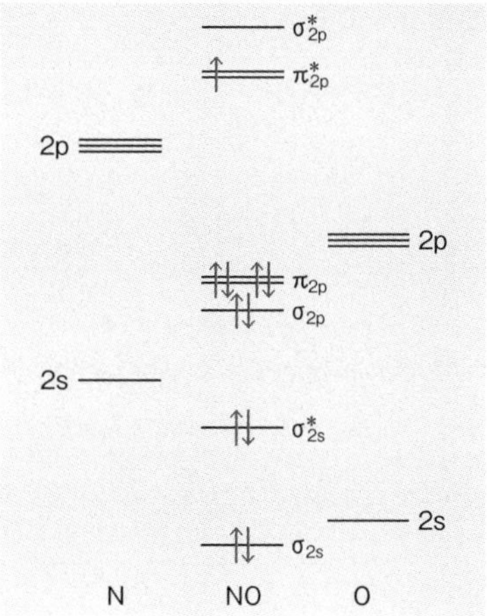

3) 結合性軌道に存在する電子の数を n_b, 反結合性軌道に存在する電子の数を n_a として, 結合次数を $(n_b-n_a)/2$ で定義すると, 上図の電子配置から明らかなように, NO の結合次数は 2.5, NO^+ の結合次数は 3 である. つまり, NO^+ は NO より N−O 間の化学結合力が強い. このことが反映されて, NO^+ の結合距離は短くなる.

2・2 1) シュレーディンガー方程式より,

$$\int \Psi^* H \Psi \, d\tau = E \int \Psi^* \Psi \, d\tau$$

であるため, $\Psi = c_H \Psi_H + c_F \Psi_F$ を代入して,

$$E = \frac{\int (c_H \Psi_H^* + c_F \Psi_F^*) H (c_H \Psi_H + c_F \Psi_F) \, d\tau}{\int (c_H \Psi_H^* + c_F \Psi_F^*)(c_H \Psi_H + c_F \Psi_F) \, d\tau}$$

が得られる. 計算を実行して, 積分をパラメーター α_H, α_F, β で置き換え, $S=0$

を代入し，さらに Ψ_H と Ψ_F が規格化されていること，すなわち，

$$\int \Psi_H{}^* \Psi_H \, d\tau = 1 \qquad \text{および} \qquad \int \Psi_F{}^* \Psi_F \, d\tau = 1$$

であることを使えば，①式が導かれる．

2）変分法を適用すると，

$$\frac{\partial E}{\partial c_H} = 0 \qquad \text{および} \qquad \frac{\partial E}{\partial c_F} = 0$$

がエネルギーと波動関数を与える条件となる．①式より，

$$(c_H{}^2 + c_F{}^2)E = c_H{}^2 \alpha_H + c_F{}^2 \alpha_F + 2c_H c_F \beta \tag{②}$$

であるから，両辺を c_H で微分すると，

$$2c_H E + (c_H{}^2 + c_F{}^2)\frac{\partial E}{\partial c_H} = 2c_H \alpha_H + 2c_F \beta$$

が得られ，$\partial E/\partial c_H = 0$ より，

$$(\alpha_H - E)c_H + \beta c_F = 0$$

が導かれる．同様に，②式の両辺を c_F で微分することにより，

$$\beta c_H + (\alpha_F - E)c_F = 0$$

が得られる．c_H と c_F が自明でない解をもつためには，

$$\begin{vmatrix} \alpha_H - E & \beta \\ \beta & \alpha_F - E \end{vmatrix} = 0$$

という形の永年方程式が成り立たなければならない．これを解けば，

$$E_+ = \frac{\alpha_H + \alpha_F - \sqrt{(\alpha_H - \alpha_F)^2 + 4\beta^2}}{2}$$

$$E_- = \frac{\alpha_H + \alpha_F + \sqrt{(\alpha_H - \alpha_F)^2 + 4\beta^2}}{2}$$

が得られる．また，$\tan 2\theta = 2|\beta|/(\alpha_H - \alpha_F)$ を使うと，たとえばエネルギー E_+ は，α_F を消去して，

$$E_+ = \alpha_H - \frac{|\beta|}{\tan 2\theta} - |\beta|\sqrt{\frac{1}{\tan^2 2\theta} + 1}$$

$$= \alpha_H - |\beta|\left(\frac{1}{\tan 2\theta} + \frac{1}{\sin 2\theta}\right) = \alpha_H + \beta \cot \theta$$

と表現される．ただし，$\beta < 0$ を用いた．E_- も同様に得られる．また，E_+ の結果を $(\alpha_H - E)c_H + \beta c_F = 0$ に代入すると，

$$-c_H \cot \theta + c_F = 0$$

が得られ，$\Psi = c_H \Psi_H + c_F \Psi_F$ の規格化条件から $c_H{}^2 + c_F{}^2 = 1$ であるから，

$$c_{\mathrm{H}} = \sin\theta \qquad および \qquad c_{\mathrm{F}} = \cos\theta$$

となり，波動関数は，

$$\Psi_+ = \Psi_{\mathrm{H}}\sin\theta + \Psi_{\mathrm{F}}\cos\theta$$

で与えられる．同様に，

$$\Psi_- = \Psi_{\mathrm{H}}\cos\theta - \Psi_{\mathrm{F}}\sin\theta$$

となる．

3) クーロン積分はそれぞれの原子軌道（H の 1s 軌道と F の 2p 軌道）に存在する電子がもつエネルギーを表すと考えられるから，これに負の符号を付けたものがイオン化エネルギーに等しいとみなすことができる．すなわち，$\alpha_{\mathrm{H}} = -13.6\,\mathrm{eV}$，$\alpha_{\mathrm{F}} = -18.6\,\mathrm{eV}$ であり，また $\beta = -1.0\,\mathrm{eV}$ であるから，これらを 2) の結果に代入して，

$$E_+ = -18.8\,\mathrm{eV} \qquad および \qquad \Psi_+ = 0.19\Psi_{\mathrm{H}} + 0.98\Psi_{\mathrm{F}}$$
$$E_- = -13.4\,\mathrm{eV} \qquad および \qquad \Psi_- = 0.98\Psi_{\mathrm{H}} - 0.19\Psi_{\mathrm{F}}$$

が得られる．

2・3　1) マリケンの電気陰性度の定義はイオン化エネルギーと電子親和力の平均値である．図の関係において，$q = +1$ のときの E がイオン化エネルギーであり，$q = -1$ のときの $-E$ が電子親和力であるから，

$$E = aq + bq^2$$

にこれらを代入すると，

$$E(+1) = a + b \qquad および \qquad -E(-1) = a - b$$

が得られ，マリケンの電気陰性度 χ_{M} の定義に従えば，

$$\chi_{\mathrm{M}} = \frac{E(+1) - E(-1)}{2} = a$$

となる．一方，①式において中性の原子に対しては $q = 0$ となるので，$\chi = a$ である．よって，電気的に中性である原子に対しては，①式で定義された電気陰性度はマリケンの定義に等しい．

2) $\chi_{\mathrm{A}} = \chi_{\mathrm{B}}$ より，

$$\delta = \frac{a_{\mathrm{A}} - a_{\mathrm{B}}}{2(b_{\mathrm{A}} + b_{\mathrm{B}})}$$

となる．

3) HCl 分子における電荷の移動は，

$$\delta = \frac{9.38 - 7.17}{11.30 + 12.85} = 0.09$$

と計算できる．完全にイオン性であれば $+1$ の電荷が移動するはずであるから，

HCl 分子ではイオン性は 10 % 程度と見積もることができる.

2・4　1) U の最小値を求めればよい. これは, dU/dr = 0 から導かれる. 微分を実行すると,

$$\frac{\mathrm{d}U}{\mathrm{d}r} = -N_\mathrm{A}\left(-\frac{Me^2}{4\pi\varepsilon_0 r^2} + \frac{nBe^2}{r^{n+1}}\right) = 0$$

であり, これを満たす r が r_e であるから,

$$\frac{Be^2}{r_\mathrm{e}{}^n} = \frac{Me^2}{4\pi\varepsilon_0 r_\mathrm{e}}\frac{1}{n}$$

となって, これを U の式に代入すると,

$$U_0 = -\frac{N_\mathrm{A}Me^2}{4\pi\varepsilon_0 r_\mathrm{e}}\left(1 - \frac{1}{n}\right)$$

が得られる. さらに, $U_\mathrm{lat} = -U_0$ である.

2) 下図に NaCl の結晶構造を示す. Na^+ を中心に考えると, 最近接には 6 個の Cl^- が存在する. 最近接の Na^+ と Cl^- のイオン間距離を r_0 とおく. Na^+ の第 2 近接には 12 個の Na^+ があり, イオン間距離は $\sqrt{2}\,r_0$ となる. 第 3 近接は $\sqrt{3}\,r_0$ だけ離れた距離にある 8 個の Cl^- である. したがって, 着目している Na^+ がこれらの

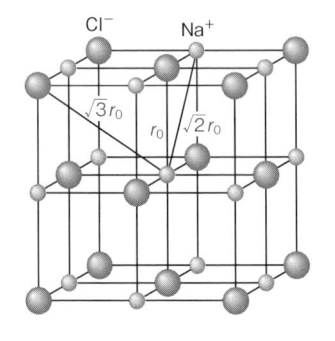

イオンから受けるポテンシャルエネルギーは,

$$U_\mathrm{NaCl} = -\frac{e^2}{4\pi\varepsilon_0 r_0}\left(6 - \frac{12}{\sqrt{2}} + \frac{8}{\sqrt{3}} - \cdots\right)$$

と書くことができる. よって, マーデルング定数は,

$$M = 6 - \frac{12}{\sqrt{2}} + \frac{8}{\sqrt{3}} - \cdots$$

となる.

3) 結晶構造が同じであれば, マーデルング定数は等しい. 与えられた結晶の構

造は，a) 塩化ナトリウム型，b) 塩化セシウム型，c) フッ化カルシウム型，d) セン亜鉛鉱型，e) ヒ化ニッケル型であるから，NaCl と同じマーデルング定数をもつ結晶は，a) BaO である．

2・5　表より，ハロゲン化アルカリ結晶を構成するアルカリ金属イオンとハロゲン化物イオンのイオン半径が大きく質量が大きいほど，格子振動の波数は減少することがわかる．このようなイオン結晶では化学結合はイオン間のクーロン力が主として支配しており，イオン間距離が大きくなるほどクーロン力は小さくなり，イオンの質量が大きいほど振動は緩慢になるので，格子振動の振動数は小さくなり，波数も減少する．

3 章

3・1　1) ア: 赤リン，イ: 黒リン

2) ① C_{60} 分子は炭素原子の 5 員環と 6 員環とからなり，5 員環同士は互いに接していない．つまり，炭素原子間の結合には，二つの 6 員環に共有されるものと，6 員環と 5 員環に共有されるものとの 2 種類があり，前者の結合距離が 139 pm，後者が 143 pm となる．

② $O_3 + 2KI + H_2O \longrightarrow I_2 + 2KOH + O_2$

③ 下図参照．P_4 分子は正四面体形の構造をもつ．

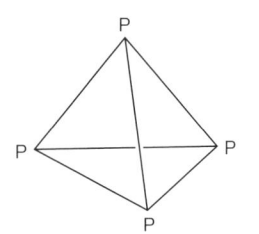

④ 黄リンは発火点が 34 ℃ と低く，空気中で室温において自然発火するおそれがあるため，通常は水中で保存する．

⑤ 下図参照．S_8 分子は王冠形の構造をもつ．

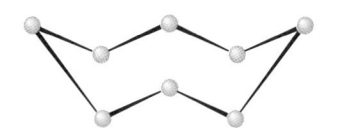

3・2　1) Ar, Ne, He, Kr, Xe の貴ガスと H（H_2）

2）鉄鉱石にコークスと炭酸カルシウムを混ぜて溶鉱炉で加熱する．炭酸カルシウムの熱分解で生じる二酸化炭素がコークスと反応して一酸化炭素を発生させる．

$$C + CO_2 \longrightarrow 2CO$$

この一酸化炭素が鉄鉱石中の酸化鉄と反応して，単体の鉄が生成する．たとえば Fe_2O_3 の場合，

$$Fe_2O_3 + 3CO \longrightarrow 2Fe + 3CO_2$$

のように反応が進む．

3）ゼオライトはケイ酸塩において一部の Si が Al で置き換わったアルミノケイ酸塩結晶であり，その構造は SiO_4 四面体と AlO_4 四面体が互いに頂点で連結した骨格からなる．たとえば，下図に示したソーダライトユニットは四面体が頂点共有して連結した4員環と6員環のみからなる基本骨格構造で，これが組合わさって，ソーダライト，A型ゼオライト，ホージャサイトなどのさまざまなゼオライトができる．構造上の大きな特徴は，大きさが数百 pm 程度の細孔やチャネルが存在することであり，このためゼオライトは分子ふるい，吸着剤，イオン交換体，触媒などとして用いられる．たとえばイオン交換による軟水化の機能を利用して，洗剤のビルダー（洗浄助剤）として実用化されている．また，吸着剤としては，湿度の調整，

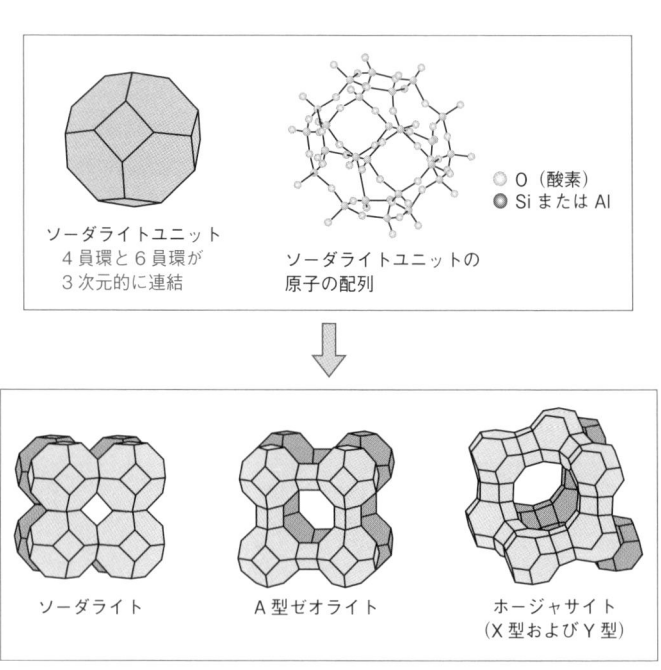

有機溶媒の脱水，消臭，排ガスの処理，浄水や廃水の処理などに利用されている．

4）たとえば，Na-K 系の合金をエチレンジアミンに溶かすと，より電気陰性度の小さい K が陽イオンになり，同時に Na^- が生成する．

3・3 1）下図参照．

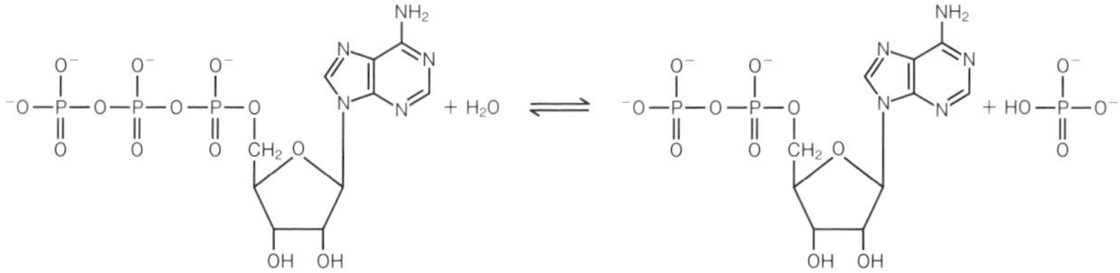

2）1）の反応で発生するエネルギーが濃度勾配に逆らって起こる能動輸送に使われる．たとえばこのエネルギーを利用して Na^+ が細胞内から外部に排出され，K^+ が細胞内に取込まれる．

3）イオノホアは発展問題 3・3 で示した図のような環状の分子で，内部の親水基により選択的に特定の金属イオンに配位して錯体を形成し，外部の疎水基を介して脂質からなる細胞膜中に入り込み，金属イオンを運ぶ．

4）下図に示すようにヘム部の Fe^{2+} に酸素分子が配位してオキシ体が生成し，酸素が運搬される．

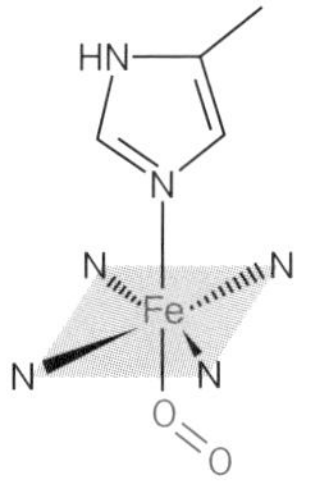

3・4 1）$Mg(OH)_2$ の熱分解反応において平衡定数を K とおくと，

$$K = \frac{a(MgO)\,a(H_2O)}{a(Mg(OH)_2)} = \exp\left(-\frac{\Delta G^\circ}{RT}\right)$$

である．ただし，$a(Mg(OH)_2)$ と $a(MgO)$ は $Mg(OH)_2$ と MgO の活量を表し，いずれも 1 に等しいとおくことができる．$a(H_2O)$ は $H_2O(g)$ の分圧 P_{H_2O} に等しいと仮定すると，

$$\Delta G^\circ = -RT \ln P_{H_2O}$$

が得られる．

2) 発展問題3・4の図に示されている熱分解反応はいずれも固相から固相と気相が生成する反応であるため，エントロピーが増大する反応である．ある温度 T におけるこの反応のエンタルピー変化とエントロピー変化をそれぞれ ΔH, ΔS とおけば，（ギブズ）自由エネルギーの変化は，$\Delta G = \Delta H - T\Delta S$ であるから，考えている範囲で ΔH と ΔS が温度に依存しないとすれば，図に与えられている直線の傾きは $-\Delta S$ を表すことになり，$\Delta S > 0$ であるからいずれも傾きは負になる．

3) 空気中での CO_2 の分圧に対応する破線と，$MgCO_3$ および $CaCO_3$ それぞれの反応を表す直線の交点から温度を見積もればよい．分解温度は，$MgCO_3$ が 480 K，$CaCO_3$ が 810 K である．

3・5　1) トリメチルホウ素とトリメチルアルミニウムの分子構造は下図のようになる．すなわち，トリメチルホウ素ではホウ素が3配位の構造をとりうるので単量体として存在するが，トリメチルアルミニウムではアルミニウムが4配位となって二量体として存在する．

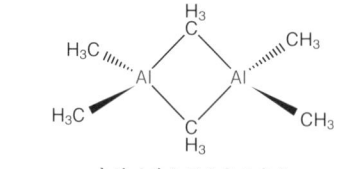

トリメチルホウ素　　　　　　　　トリメチルアルミニウム

2) Al−C 結合において電気陰性度の小さい Al は電子が不足し，空の軌道を形成しているため電子を受け入れやすく，ルイス酸としてはたらく．加水分解では，H_2O の酸素原子が Al とまず結合して反応が進行する．一方，Si−C 結合は Al−C 結合より極性が小さく，ルイス酸としての酸性度も低いため，加水分解反応は起こりにくい．

3) 発展問題3・5の図に示されているように，この化合物は立体的に込み合った構造となっているため，反応に際して Si−Si 結合に基づく環化や重合が起こりにくく，また，生成した化合物中の Si=Si 結合も反応を受けにくいことが理由である．

3・6　1) ① $NO + O_3 \longrightarrow NO_2 + O_2$，② $NO_2 + O \longrightarrow NO + O_2$，
　　　　　③ $O_3 + O \longrightarrow 2O_2$

2) 一酸化二窒素 N_2O

3) まず，CCl_2F_2 が紫外線により分解し，塩素原子を生成する．反応は，

$$CCl_2F_2 \longrightarrow CClF_2 + Cl$$

のように進む．塩素原子はオゾンと反応して，

$$Cl + O_3 \longrightarrow ClO + O_2$$

のように ClO ラジカルと酸素分子を生成し，さらに ClO は酸素原子と反応する．

$$ClO + O \longrightarrow Cl + O_2$$

これら正味の反応は，NO の場合と同じく，以下のようになる．

$$O_3 + O \longrightarrow 2O_2$$

3・7 1) ア：$^{90}_{40}Zr$

2) 1回の α 壊変で，質量数が4だけ小さく，原子番号が2だけ小さい核種に変わる．また，1回の β$^-$ 壊変で，質量数は変化せず，原子番号が一つ増える．$^{235}_{92}U$ から $^{207}_{82}Pb$ への変化では質量数が 28 だけ減少しているから α 壊変は 7 回起こったことになり，これにより原子番号は 14 だけ減少することになるが，実際には原子番号は 10 だけ減っているから，β$^-$ 壊変は 4 回起こっている．よって，イ：7，ウ：4

3) $^2_1H + ^3_1H \longrightarrow ^4_2He + ^1_0n$

4) 熱中性子は室温付近のエネルギーをもつ中性子である．室温が $T = 298 K$ として，$kT = 1.38 \times 10^{-23} J\,K^{-1} \times 298 K = 4.11 \times 10^{-21} J$．$1\,eV = 1.602 \times 10^{-19} J$ であるから，$kT = 0.0257\,eV$

4 章

4・1 1) 練習問題 4・9 で取上げた HSAB（hard and soft acids and bases）の概念に基づけば，硬い酸と硬い塩基，および軟らかい酸と軟らかい塩基が反応しやすい．Al^{3+} は硬い酸であり，硬い塩基である F^- とは安定な錯体をつくるが，軟らかい塩基である I^- とは反応しにくく，錯体の安定性に関して ① のような傾向が見られる．一方，Ag^+ は軟らかい酸であるから，軟らかい塩基である I^- の方が硬い塩基である F^- より安定な配位結合をつくるため，② のような傾向が観察される．

2) a) Li^+，b) Ca^{2+}，c) Ti^{4+} は硬い酸であるから，Al^{3+} と同様，① の傾向を示す．一方，d) Cu^+，e) Cd^{2+}，f) Pt^{2+} は軟らかい酸であるから，Ag^+ と同様，② の傾向となる．

4・2 1) 水に溶解した CO_2 は，H_2CO_3，HCO_3^-，CO_3^{2-} のいずれかの形で存在するから，それぞれの濃度を $[H_2CO_3]$，$[HCO_3^-]$，$[CO_3^{2-}]$ で表せば，

$$0.04 = [H_2CO_3] + [HCO_3^-] + [CO_3^{2-}]$$

が成り立つが，①式と②式の平衡定数が小さいので，CO_2 はほとんど H_2CO_3 の形で存在すると考えられる．よって，以下のように近似できる．

$$[H_2CO_3] = 0.04\,mol\,dm^{-3}$$

また，②式の平衡定数は①式よりさらに4桁小さいので，水溶液中の H^+ はほとんどのものが①式によって生成するとみなせる．よって，H^+ と HCO_3^- の濃度は

ほぼ等しくなり，①式の酸の解離定数を K_1 とすると，

$$K_1 = \frac{[\mathrm{H^+}][\mathrm{HCO_3^-}]}{[\mathrm{H_2CO_3}]} = \frac{[\mathrm{H^+}]^2}{[\mathrm{H_2CO_3}]}$$

であるから，

$$[\mathrm{H^+}]^2 = K_1[\mathrm{H_2CO_3}] = 4.5\times10^{-7}\times0.04 \ \mathrm{mol^2\,dm^{-6}}$$

より，$[\mathrm{H^+}] = 1.3\times10^{-4} \ \mathrm{mol\,dm^{-3}}$ が得られる．さらに，

$$K_1K_2 = \frac{[\mathrm{H^+}]^2[\mathrm{CO_3^{2-}}]}{[\mathrm{H_2CO_3}]}$$

より，

$$[\mathrm{CO_3^{2-}}] = \frac{(4.5\times10^{-7})\times(4.7\times10^{-11})\times0.04}{(4.5\times10^{-7})\times0.04} \ \mathrm{mol\,dm^{-3}}$$

$$= 4.7\times10^{-11} \ \mathrm{mol\,dm^{-3}}$$

によって $\mathrm{CO_3^{2-}}$ の濃度が計算できる．

2）$\mathrm{MgCO_3}$ と $\mathrm{CaCO_3}$ の溶解度積から，$\mathrm{Mg^{2+}}$ と $\mathrm{Ca^{2+}}$ を分離するためには $\mathrm{Mg^{2+}}$ が溶解した状態で $\mathrm{CaCO_3}$ の沈殿を生成して，水溶液中に存在する $\mathrm{Ca^{2+}}$ の量を十分少なくする必要がある．具体的には，$[\mathrm{Ca^{2+}}] \leqq 1.0\times10^{-5} \ \mathrm{mol\,dm^{-3}}$ であればよい．そのためには，

$$[\mathrm{CO_3^{2-}}] \geqq \frac{4.7\times10^{-9}}{1.0\times10^{-5}} \ \mathrm{mol\,dm^{-3}} = 4.7\times10^{-4} \ \mathrm{mol\,dm^{-3}}$$

でなければならないが，1）で求めた $\mathrm{CO_3^{2-}}$ の濃度はこの条件を満たさない．よって，$\mathrm{Mg^{2+}}$ と $\mathrm{Ca^{2+}}$ を含む水溶液に $\mathrm{CO_2}$ を吹き込んで両イオンを分離することはできない．

4・3　1）ハロゲン化アルカリ結晶が水に溶ける過程では，陽イオンと陰イオンが格子エネルギーに打ち勝って個々のイオンとなり，水溶液中では水和により安定化する．格子エネルギーが小さく，水和エンタルピーの絶対値が大きいほど水には溶けやすく，溶解熱は小さくなる．陽イオンと陰イオンのイオン半径をそれぞれ r_+，r_- とすると，格子エネルギー U は，

$$U \propto \frac{1}{r_+ + r_-}$$

の形でイオン半径に依存し，水和エンタルピー ΔH は陽イオンと陰イオンそれぞれの水和エンタルピーの和であって，

$$\Delta H \propto -\left(\frac{1}{r_+} + \frac{1}{r_-}\right)$$

となる．水和エンタルピーの式からわかるように，陽イオンと陰イオンのイオン半

径が異なるほど両者の水和エンタルピーの差は大きくなる．これは図の LiI や CsF などに対応する．たとえば LiI のように $r_+ < r_-$ であれば，ΔH は小さい陽イオンに支配されてその絶対値が大きくなるが，U は大きい陰イオンによって決まるため，それほど大きくならない．このような場合には溶解熱が負で絶対値が大きくなり，結晶は水に溶けやすくなる．一方，CsI のように陽イオンと陰イオンのイオン半径が同程度であると，ΔH の絶対値を大きくするような効果は期待できず，溶解熱は大きくなり，結晶は水に溶解しにくい．

2) $SO_4{}^{2-}$ のような大きな陰イオンの塩では，陽イオンのイオン半径が小さい方が水和エンタルピーの絶対値が大きくなり水に溶けやすい．よって，$MgSO_4$ は $BaSO_4$ より水によく溶ける．一方，OH^- のような小さい陰イオンの塩では，陽イオンが大きい方が水に溶解しやすい．つまり，$Ba(OH)_2$ は $Mg(OH)_2$ より溶解度が高い．

4・4 1) この水溶液中では酢酸ナトリウムの解離度はほぼ 1 に等しく，最初の酢酸ナトリウムはすべて解離して c_2 に等しい濃度の CH_3COO^- と Na^+ を供給すると考えてよい．一方，もともと酢酸の解離度は小さいうえに，上記のとおり酢酸ナトリウムから CH_3COO^- が供給されるため，酢酸の平衡 $CH_3COOH \rightleftarrows CH_3COO^- + H^+$ は左側に移り，最初に加えた酢酸はほぼすべてが CH_3COOH の形で水溶液中に存在する．これらのことから，CH_3COOH および CH_3COO^- の濃度は，それぞれ，c_1，c_2 となる．よって，ア：c_1，イ：c_2

2) 酢酸の解離定数は，

$$K_a = \frac{[CH_3COO^-][H^+]}{[CH_3COOH]} = \frac{c_2[H^+]}{c_1}$$

であるから，

$$pH = pK_a + \log \frac{c_2}{c_1}$$

となる．

3) 緩衝液に酸が加えられると H^+ の濃度が増すため，

$$CH_3COOH \rightleftharpoons CH_3COO^- + H^+$$

の平衡は左に移動し，CH_3COO^- の濃度が減少し，CH_3COOH の濃度が増加する．塩基が加えられると，逆に CH_3COO^- の濃度が増加し，CH_3COOH の濃度が減少する．いずれの場合にも最初の酢酸と酢酸ナトリウムの濃度が加えた酸や塩基の濃度に比べて十分に高ければ，酸や塩基が加えられても c_1 および c_2 はほとんど変化しないので，①式において pH は一定となる．

4・5 1) ア：低い，イ：酸化，ウ：高い，エ：還元

2）① $10KI + 2KMnO_4 + 8H_2O \longrightarrow 5I_2 + 2Mn(OH)_2 + 12KOH$

　　② $I_2 + 2Na_2S_2O_3 \longrightarrow 2NaI + Na_2S_4O_6$

3）Cu^{2+} と I^- の酸化還元反応は，

$$2Cu^{2+} + 4I^- \longrightarrow 2CuI + I_2$$

となり，I_2 と $Na_2S_2O_3$ の反応は 2）の ② のようになるので，反応する硫酸銅（II）とチオ硫酸ナトリウムは等モルである．よって，硫酸銅（II）水溶液の濃度を x とすれば，

$$x \times \frac{50.0}{1000} = 0.10 \times \frac{48.5}{1000} \ \text{mol dm}^{-3}$$

より，$x = 0.097 \ \text{mol dm}^{-3}$ となる．

4・6　1）正極：$AgCl + e^- \to Ag + Cl^-$　および　負極：$H_2 \to 2H^+ + 2e^-$

2）全体としての反応は，

$$AgCl + \frac{1}{2}H_2 \longrightarrow H^+ + Cl^- + Ag$$

であるから，各物質の活量を $a(AgCl)$ のように表すと，

$$E = E^\circ - \frac{RT}{F} \ln \frac{a(H^+)a(Cl^-)a(Ag)}{a(AgCl)a(H_2)^{\frac{1}{2}}}$$

となる．ここで R は気体定数，F はファラデー定数である．固体の活量は 1 であり，水素は理想気体で圧力が 1 atm であるから，

$$E = E^\circ - \frac{RT}{F} \ln a(H^+)a(Cl^-)$$

が得られる．

3）HCl の平均活量を $a_\pm$ とすると，

$$E = E^\circ - \frac{RT}{F} \ln a_\pm{}^2 = E^\circ - \frac{2RT}{F} \ln \gamma_\pm m \qquad ①$$

であるから，変形すると，

$$E + \frac{2RT}{F} \ln m = E^\circ - \frac{2RT}{F} \ln \gamma_\pm$$

が導かれる．デバイ–ヒュッケルの理論を用いれば，

$$E + \frac{2RT}{F} \ln m = E^\circ - \frac{2RTA}{F} m^{\frac{1}{2}}$$

となるので，この式の左辺を $m^{1/2}$ に対してプロットし，$m = 0$ に外挿すれば縦軸との切片から E° が得られる．また，これを用いれば ①式から HCl の平均活量係数が求まる．

5 章

5・1　1) Cu^{2+} ではヤーン-テラー効果が大きいため，[Cu(en)$_3$]$^{2+}$ のような正八面体の対称性をもった分子は安定に存在しにくく，下図のような正方変形を起こした [Cu(H$_2$O)$_2$(en)$_2$]$^{2+}$ 分子の方が安定に存在する．すなわち，H$_2$O 分子が配位して生じる Cu–O 結合は，平面四角形の構造をつくるエチレンジアミンの配位結合（Cu–N 結合）に比べて距離が長くなり，Cu^{2+} の d 電子は低いエネルギー状態をとることができる．ただし，下の図でエチレンジアミンの構造は省略して描いている．

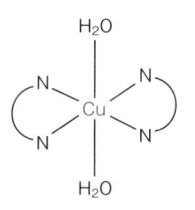

2) ①式は 2 分子から 3 分子ができる反応であるが，④式は 3 分子から 3 分子ができる反応である．つまり，反応にともなうエントロピー変化は前者の方が大きく，反応が進みやすい．よって，$K_1 > \beta_2$ となる．

5・2　1) 下図参照

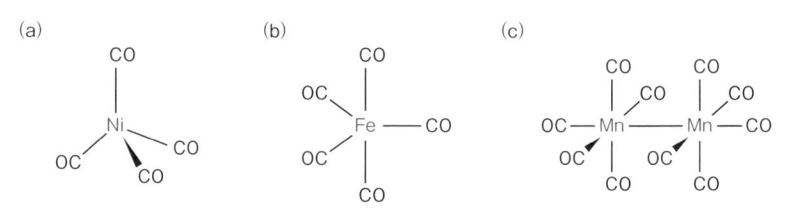

2) Ni の電子状態は 3d^{10} であるから，不対電子をもたない．よって，Ni(CO)$_4$ は反磁性である．

3) 下図参照．M は金属元素である．また，軌道に示された + と − は位相の違いを表す．

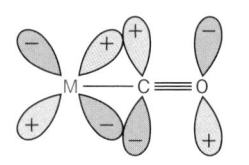

4) 表より，中心金属が負電荷を帯びるほど CO の伸縮振動の波数は減少することがわかる．中心金属における電子の数が増せば，それが逆供与結合を通じて金属と炭素原子との π 結合に寄与する割合が増加するが，これは CO の π* 軌道に電子が流れ込むことを意味するので，CO の結合は弱くなり，伸縮振動の波数は小さくなる．

5・3　1) (a)〜(e) と結合をつくる Fe の原子軌道と結合様式は下図のとおり．ただし，(f) は結合をつくらない．

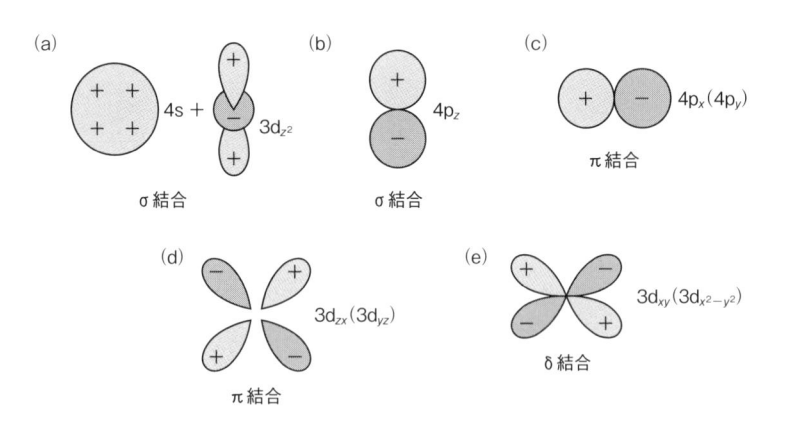

2) Fe は原子番号が 26 で $[Ar]3d^6 4s^2$ の電子配置をもつ．一つのシクロペンタジエニル環からは 5 個の電子が提供されるから，全部で $8 + 5 \times 2 = 18$ となり，18 電子則が成り立つ．

3) 例として，下図参照．

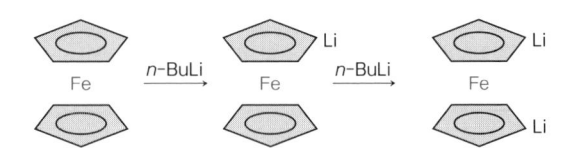

5・4　1) ア: 0, イ: 7/2

2) $S = 7/2$, $L = 0$ なので，全角運動量量子数は $J = S = 7/2$ とスピンのみの値となる．よって第 4 周期の遷移元素と同じ取扱いができ，有効ボーア磁子数は，

$$p_{\text{eff}} = 2\sqrt{S(S+1)} = 2\sqrt{\frac{7}{2}\left(\frac{7}{2}+1\right)} = 7.94$$

となる.

3) 塩化ナトリウム型構造

4) Gd^{3+} は EuO 結晶中で Eu^{2+} の位置に置換固溶する. このとき, 電荷補償のため同時に電子が注入され, この電子が伝導に寄与する.

5・5 1) 酸化物イオンは六方最密充填構造をとり, Al^{3+} は八面体位置に入るので, 配位数は 6 である.

2) Cr^{3+} の電子配置は $3d^3$ である. Cr^{3+} が八面体位置に入る場合, 3 個の電子はすべて t_{2g} 軌道に入るので, 結晶場安定化エネルギーは,

$$E(O_h) = -4Dq(O_h) \times 3 = -12Dq(O_h)$$

となる. ただし, $10Dq(O_h)$ は八面体場のエネルギー準位の分裂を表す. 一方, 四面体位置に入る場合, 2 個の電子が e 軌道に入り, 1 個の電子がエネルギーの高い t_2 軌道に入るので, 結晶場安定化エネルギーは,

$$E(T_d) = -6Dq(T_d) \times 2 + 4Dq(T_d) \times 1 = -8Dq(T_d)$$

である. ただし, $10Dq(T_d)$ は四面体場のエネルギー準位の分裂を表す. さらに,

$$Dq(T_d) = \frac{4}{9}Dq(O_h)$$

の関係があるから, 結晶場安定化エネルギーは八面体場の方が低くなり, Cr^{3+} は八面体位置に入る.

3) $^4A_{2g}$ から $^4T_{1g}$ や $^4T_{2g}$ への遷移ではスピン量子数が変化しないが, $^4A_{2g}$ から $^2T_{1g}$ や ^2E_g への遷移ではスピン量子数が変化している. つまり, スピンの変化に関して前者は許容遷移, 後者は禁制遷移であるので, 前者の吸収は強く, 後者は弱い.

4) 下図のように, 基底状態の電子は $^4T_{1g}$ あるいは $^4T_{2g}$ 準位まで励起されたあと, ^2E_g 準位に無放射で緩和する. この準位は寿命が長いため, ^2E_g 準位と $^4A_{2g}$ 準位の間で電子の反転分布が起こり, レーザー発振する.

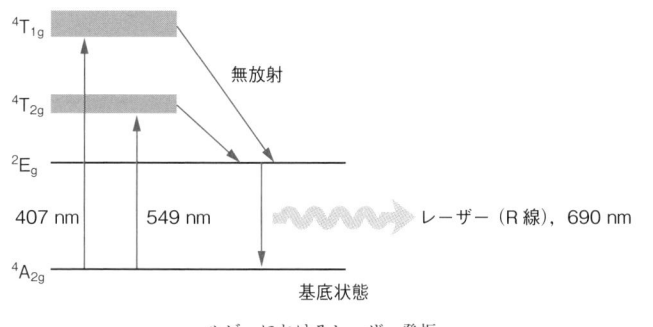

ルビーにおけるレーザー発振

6 章

6・1 回折現象において，単位格子中の原子によって散乱された波の和は，単位格子中の原子の種類と座標がわかれば次式で与えられる．

$$F_{hkl} = \sum_{j=1}^{N} f_i e^{2\pi i (hx_j + ky_j + lz_j)}$$

F は構造因子とよばれ，f は原子散乱因子，N は単位格子中の原子数である．回折強度は $|F|^2$ に比例する．

単位格子に2原子を含む体心格子を例にとると，単位格子中の原子座標は $(0, 0, 0)$，$(1/2, 1/2, 1/2)$ で与えられる．このとき構造因子は，

$$F = f e^{2\pi i \times 0} = f e^{2\pi i (h/2 + k/2 + l/2)} = f\{1 + e^{\pi i (h+k+l)}\}$$

となり，$h + k + l$ が偶数の場合は $F = 2f$，$F^2 = 4f^2$，奇数の場合は $F = 0$，$F^2 = 0$ となる．したがって，$h + k + l$ が奇数となる (hkl) 回折線が観測されない．これを**消滅則**とよぶ．下表に各格子に対応する回折条件を示す．

単位格子の型	回折条件
単純格子 （P）	すべての h, k, l の組合わせ
体心格子 （I）	$h + k + l = 2n$
面心格子 （F）	h, k, l のすべてが偶か奇
底心格子 （C）	$h + k = 2n$
菱面体格子 （R）	$-h + k + l = 3n$ または $h - k + l = 3n$

6・2 1）最近接イオン間距離は $a\sqrt{3}/2$．格子定数は $a = 0.412\,\mathrm{nm}$（CsCl），$0.456\,\mathrm{nm}$（CsI）であるからイオン半径は $0.181\,\mathrm{nm}$（Cl⁻），$0.219\,\mathrm{nm}$（I⁻）．

2）単純立方格子

3）Cs⁺ と I⁻ イオンが等電子配置であり，原子散乱因子が等しくなるため（発展問題 6・1 の体心立方格子の消滅則を参照）．

6・3 1），2）下表に示す．

	セン亜鉛鉱型	ウルツ鉱型	塩化ナトリウム型	塩化セシウム型
配位数	4	4	6	8
配位多面体	四面体	四面体	八面体	立方体
限界半径比	0.225	0.225	0.414	0.732

3）Zn と O の電気陰性度差が小さく，共有結合性が強いため．

4）圧縮率の違いにより陽イオンと陰イオンの半径比が増大し，配位数の高い塩化セシウム型構造へ相転移する．

5) イオン結晶では静電的な力で結合するので，結合に方向性はなく，その構造はサイズ（半径比）に支配される．一方，共有結合性結晶では結合の方向性が強く，たとえば sp^3 共有結合では四面体配位型構造が安定となる．

6・4　1) ア: 多結晶（体），イ: 析出，ウ: 焼結，エ: サファイア，オ: ルビー

2) 例題 6・13 参照

3) 融点が高く溶融するのが困難な物質や，高温で分解する化合物の単結晶を合成することができる．

4) Cr^{3+}

5) SiO_2（α-SiO_2）

6) 水晶は SiO_2 の多形の一つで，その結晶構造は反転対称性をもたず圧電性を示す．応力が加わると結合角が変化し分極が生じるので，機械的エネルギーと電気的エネルギーを相互に変換することができる．歪みの振動数に等しい振動数の交流電場を印加することによって，振動子としてはたらく．

6・5　1) 13-15 族化合物半導体: AlP, GaN, GaAs, InSb，12-16 族化合物半導体: ZnS, ZnSe, CdS, CdSe

2) ダイヤモンド > Si > Ge

3) ZnSe > GaAs > Ge

4) b), d), e)

6・6　1) $BaTiO_3$

2) 120 °C 以下: 正方晶ペロブスカイト型，120 °C 以上: 立方晶ペロブスカイト型構造

3) 例題 6・19 参照

4) 電荷の異なる陽イオン（たとえば La^{3+}）を少量の Ba^{2+} 位置に置換固溶し，Ti^{3+} と Ti^{4+} の混合原子価状態をつくる．

5) 120 °C 前後で電気抵抗が大きく（数桁）変化するため．

6) Ba^{2+} を Sr^{2+} で置換すると急激な電気抵抗変化の起こる温度は低温側へ移動し，一方，Pb^{2+} で置換すると高温側へ移動する．

6・7　1) ア: （負の）超交換，イ: ホッピング，ウ: 原子価制御（あるいは混合原子価）

2) 密度測定を行い，格子定数から求められる両モデルの理論密度と比較する．

3) $Ni^{2+}_{1-3x}Ni^{3+}_{2x}\Delta_x O$（$\Delta$: 陽イオン空格子点）

4) $Li_x Ni^{2+}_{1-2x} Ni^{3+}_x O$

5) 酸素過剰型酸化ニッケルは温度や酸素分圧によって組成が変動し，その導電性も大きく変化する．一方，リチウムをドープした半導体はドープした量によって

導電性を制御できる.

6・8　1) 粉末 X 線回折法により格子定数を精密に決定し, つぎに密度測定を行い, 単位格子に含まれる原子数を決定する (例題 6・5, 練習問題 6・8 参照).

2) X 線回折パターンは個々の物質に固有であるから, 多形物質でも区別できる. 2 種類の多形を任意の割合で混合した試料の X 線回折パターンを計測し, おのおのの成分の最強反射の回折強度比を混合比に対してプロットした検量線を作成する. これをもとに実際の混合物における回折強度比から含有比を決定できる.

3) $[Fe^{3+}]_{tet}[Fe^{2+}, Fe^{3+}]_{oct}O_4$

4) $[Fe^{3+}]_{tet}[Fe^{3+}_{5/3}, \Delta_{1/3}]_{oct}O_4$

5) Fe_3O_4: $4\mu_B$, γ-Fe_2O_3: $5 \times (2/3) = 3.3\mu_B$

6・9　1) TiO_2 ではチタンの形式電荷は +4 であるが, 還元処理を施すと形式的に Ti^{3+} の状態となる. これは Ti^{4+} が電子を 1 個捕獲した状態ととらえることができ, TiO_2 (厳密には TiO_{2-x}) が過剰の電子を有している状態となるので n 型半導体として振舞う.

2) 3.0 eV のエネルギーに相当する光の波長を計算すればよい. エネルギー E と波長 λ の関係は, プランク定数を h, 光の速さを c として, $E = hc/\lambda$ と書けるので, $E = 3.0$ eV $= 4.8 \times 10^{-19}$ J, $h = 6.626 \times 10^{-34}$ J s, $c = 2.998 \times 10^8$ m s^{-1} を代入して, $\lambda = 413$ nm が得られる.

3) TiO_2 の表面 (電解質水溶液との界面) に光が照射されると価電子帯の電子がこれを吸収して伝導帯まで励起されるため, 価電子帯には正孔, 伝導帯には電子が生成する. 界面において図のようにバンドが曲がっているため, 正孔は TiO_2 の表面に向かって移動し, 電子は逆に TiO_2 の内部に向かって動く. 電子は TiO_2 の内部から外部回路を通って Pt 電極に達し,

$$2H^+ + 2e^- \longrightarrow H_2$$

の反応に寄与する. この結果, Pt 電極では水素が発生する. 一方, 正孔は TiO_2 の表面で電気化学反応に寄与するが, これは TiO_2 が電子を奪う反応に相当するので,

$$4OH^- \longrightarrow O_2 + 2H_2O + 4e^-$$

の反応が起こって, O_2 を発生する.

た なか かつ ひさ
田 中 勝 久

1961 年 大阪府に生まれる
1984 年 京都大学工学部 卒
現 京都大学大学院工学研究科 教授
専門 固体化学, 無機化学
工 学 博 士

なか ひら あつし
中 平 敦

1960 年 富山県に生まれる
1982 年 東北大学工学部 卒
現 大阪公立大学大学院工学研究科 教授
専門 無機材料科学
工 学 博 士

ひら お かず ゆき
平 尾 一 之

1951 年 大阪府に生まれる
1974 年 京都大学工学部 卒
京都大学名誉教授
専門 無機材料科学, 無機構造化学
工 学 博 士

こう づか ひろ みつ
幸 塚 広 光

1959 年 京都府に生まれる
1982 年 京都大学工学部 卒
現 関西大学化学生命工学部 教授
専門 無機材料科学
工 学 博 士

たき ざわ ひろ つぐ
滝 澤 博 胤

1962 年 新潟県に生まれる
1985 年 東北大学工学部 卒
現 東北大学大学院工学研究科 教授
専門 無機材料科学
工 学 博 士

第 1 版 第 1 刷 2005 年 5 月 20 日 発行
第 2 版 第 1 刷 2017 年 6 月 7 日 発行
第 3 版 第 1 刷 2024 年 6 月 13 日 発行

演習無機化学—基本から大学院入試まで
第 3 版

© 2 0 2 4

著者代表 田 中 勝 久
発 行 者 石 田 勝 彦
発 行 株式会社 東京化学同人
東京都文京区千石 3 丁目 36-7 (〒112-0011)
電 話 03-3946-5311 ・ FAX 03-3946-5317
URL : https://www.tkd-pbl.com/

印 刷 中央印刷株式会社
製 本 株式会社 松 岳 社

ISBN 978-4-8079-2060-0
Printed in Japan

無 機 化 学
― その現代的アプローチ ―
第 3 版

田中勝久・中平　敦・平尾一之　著

A5 判　2 色刷　472 ページ　定価 4070 円

無機化学の中心的な領域として研究が活発になっている固体化学や材料化学に重きを置くとともに，社会的関心の高い，環境，生命，エネルギーと無機化学とのかかわりを意識した教科書．

シュライバー・アトキンス
無 機 化 学（上・下）
第 6 版

M. Weller, T. Overton, J. Rourke, F. Armstrong　著

田中勝久・髙橋雅英・安部武志・
平尾一之・北川　進　訳

B5 判　カラー　定価各 7150 円

上巻：576 ページ　下巻：584 ページ

世界的に定評のある教科書の全面改訂版．今回の改訂でB5判となり，表現方法，構成，図などの視覚的な表示を改良した．記述をよりわかりやすくし，基礎を充実させ，最新の研究も紹介している．

2024 年 5 月現在（定価は 10 ％税込）